U0108975

趣味閱讀學成語 6

主編／ 謝雨廷　曾淑華　姚嵐齡

中華教育

目錄

趣味閱讀學成語 6

勵志篇

品德篇

生活篇

處事篇

智慧篇

你會是哪一個？

有一個女孩對着父親**喋喋不休**地抱怨她的生活、工作。事情**一波未平，一波又起**，她不知如何面對**接踵而至**的問題，壓力大到**無以復加**，這樣的生活讓她感到**度日如年**。

女孩的父親是一個廚師，他**默不作聲**，帶女孩去廚房。進去之後，他拿了三個鍋子，分別在裏頭裝了水，放在爐上燒。然後在第一個鍋子放了胡蘿蔔，第二個鍋子放了雞蛋，在最後一個鍋子放進磨成粉的咖啡。

女孩**一頭霧水**，問：「爸爸，你要做甚麼？」父親**故弄玄虛**說：「你先看着吧！」

十五分鐘後，父親把火關了，然後把胡蘿蔔和雞蛋分別放進碗裏，咖啡倒進杯子裏。他問女

成語自學角

喋喋不休： 喋喋，多話的樣子。休，停止。嘮嘮叨叨，說個沒完。

一波未平，一波又起： 一個波浪未平息，一個波浪又湧起。比喻事情曲折多變，一事尚未解決，一事又發生。

接踵而至： 後者的腳尖頂着前者的腳跟。形容人或事一個接一個，連續不斷的樣子。

無以復加： 不能再增加。表示已經到達極點。

度日如年： 過一天像過一年那麼長。形容日子不好過。

孩：「孩子，你看到了甚麼？」

女孩疑惑地說：「這不是**一目了然**嗎？」

父親說：「你摸摸看看，烹煮之前、之後有甚麼差別？」

女兒用手摸摸，她發現胡蘿蔔變軟了；雞蛋可以剝開；咖啡變得香醇。但是她不明白父親要告訴她甚麼。

父親解釋：「你看這三樣東西，都處在逆境——也就是沸騰的開水，但它們的反應卻全然不同。胡蘿蔔起初結實強壯，但開水煮過後就變軟、變弱了；雞蛋本來輕易就會被撞破，開水一煮，馬上**脫胎換骨**，連殼都不需要；而咖啡更**以退為進**，改變了水這個環境，還散發出濃郁的香味。」

默不作聲：悶不吭聲，不說一句話。

一頭霧水：比喻頭腦裏朦朧一片，無法明白。

故弄玄虛：賣弄玄妙虛無的道理。

一目了然：看一眼就能清楚明白。形容事物顯明，容易辨識。

脫胎換骨：原指道家修煉得道，脫去凡胎俗骨，成為仙人。比喻徹底改變。

以退為進：表面上退讓，實則藉此作為進攻或晉升的手段、方法。

父親問他的女兒：「那麼，當壓力和逆境從**四面八方**找上你時，你會是哪一個呢？」

女兒聽了父親這番**耐人尋味**的比喻後，猶如**醍醐灌頂**，煩惱**一掃而空**。

成語自學角

四面八方：周圍各方。

耐人尋味：耐，經得起。尋味，認真體會。意思深遠，值得人反覆尋思體會。

醍醐灌頂：將牛奶中精煉出來的乳酪澆到頭上。佛家以此比喻灌輸智慧，使人得到啟發，澈底醒悟。

一掃而空：一下子就完全清除乾淨。比喻徹底清除。

當遇到挫折時，你會像胡蘿蔔那樣變得軟弱，還是像雞蛋和咖啡那樣逆境自強？

試從這個故事及個人所知，在以下方格填寫帶「一」字的成語。

						三 背
			3 二 一	頭		
						一
	2 一 一		而	就		
			空			
1 一	了		了			
	然					

瞎子的祕方

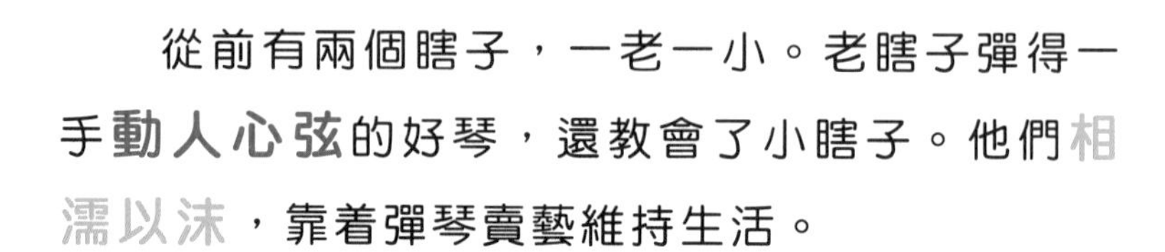

從前有兩個瞎子，一老一小。老瞎子彈得一手**動人心弦**的好琴，還教會了小瞎子。他們**相濡以沫**，靠着彈琴賣藝維持生活。

老瞎子年事已高，自知不久將**與世長辭**，便把小瞎子叫到牀邊，緊緊拉着他的手，吃力地說：「孩子，我有個祕方藏在琴盒裏，它能使你重見光明，揮別**不見天日**的生活。但千萬記住，你必須在彈斷第一千根琴弦的時候才能把它取出來，否則祕方就會失效，不管你先前多努力，都會**前功盡棄**。」

成語自學角

動人心弦：感人至深，能引起共鳴。

相濡以沫：濡，沾濕。泉水乾涸，魚兒用口沫相互潤濕，以求活命。比喻人在困境中，以微薄的力量相互救助。

與世長辭：與人世永遠告別。指人去世。

不見天日：看不見天空和太陽。比喻生活在黑暗中，不見光明或毫無希望。

前功盡棄：之前所付出的努力，全都廢棄、白費了。

小瞎子**泣不成聲**，跟師父**約法三章**。老瞎子含笑而逝，留下小瞎子孤身一人。

春去秋來，小瞎子靠着在街頭賣藝來維持生活。不同的是，彈琴對他來說不再是**得過且過**的維生技藝，而是纏着一千條弦的光明希望。就算練習再苦，他都**甘之如飴**。

師父的囑咐**言猶在耳**，推着小瞎子不停地彈啊彈，將一根根彈斷的琴弦收藏着。當他彈斷第一千根琴弦的時候，當年那個少年小瞎子已垂垂老矣，變成**飽經風霜**的老者了。他按捺不住內心的喜悅，雙手顫抖着，慢慢地打開琴盒，取出祕方。

泣不成聲：哭到發不出聲音。形容十分悲傷。

約法三章：原指漢高祖入咸陽時，臨時制定三條法律，與人民共同遵守。後指事先約好或規定。

春去秋來：春天過去，秋天來到。形容光陰的流逝。

得過且過：可以過得去就這樣過。形容勉強維持生計，或苟且度日，不求上進。

甘之如飴：甘甜得像吃了糖一樣。比喻為了某種目的，甘願承受艱苦或犧牲，或處於困境中而能甘心忍受。

言猶在耳：話語清晰得像還在耳邊迴響。比喻對別人說的話印象深刻。

飽經風霜：受盡風吹霜凍。形容經歷了許多艱難困苦。

然而，別人卻告訴他，那只是一張白紙，上面連個**片言隻字**都沒有。他拿着一張甚麼都沒有寫的白紙，淚流滿面，然後笑了。

得知祕方是白紙的瞬間，他突然**心領神會**，明白師父的用心。雖然是一張白紙，但卻是難以竊取的無字祕方。只有他，從小到老彈斷一千根琴弦後，才了悟祕方的真諦——永遠懷抱希望，光明就在心中。

成語自學角

片言隻字：零散簡短的文字或言語。

心領神會：不需經由言行的表達，內心就能領悟體會。

你有甚麼目標？推動你前行的動力是甚麼？

試運用提供的詞語造句。

1. 舞蹈家 / 辛苦 / 甘之如飴

2. 電影結局 / 悲慘 / 泣不成聲

3. 六年級 / 畢業 / 春去秋來

4. 模型 / 折斷 / 前功盡棄

樵夫的寶物

有位樵夫來到一座山，他看那裏林木茂盛，高聳入天；又看村落**民淳俗厚**，宛如**世外桃源**，便決定搭建一間可以遮風避雨的小木屋，在那裏定居。

樵夫勤奮踏實地工作着，他先砍一天的柴，隔天賣一天的柴，然後再砍柴，再賣柴，日復一日，時間就在砍柴聲與叫賣聲中慢慢流逝。這天黃昏，當他賣完了柴，拖着疲憊的步伐回到家裏時，卻發現他的房子起火了。

救火**分秒必爭**，左鄰右舍都**義不容辭**前來幫忙。可是，傍晚風勢強勁，火勢**一發不可收拾**，大家都**束手無策**，只能眼睜睜地看着火焰吞噬了整間木屋。

成語自學角

民淳俗厚：民風淳樸敦厚。

世外桃源：與現實隔絕的理想世界。也可以用來形容風景優美而人煙稀少的地方。

分秒必爭：每一分一秒都要爭取。指充分利用所有的時間。

義不容辭：容，允許。辭，推託。在道義上不容推辭。

一發不可收拾：事情一發生，就很難制止或處理。

束手無策：束，捆住。策，計策。捆住雙手，無計策可施。比喻面對問題時，毫無解決的辦法。

最終，大火撲息了！只見樵夫拿着一根棍子，跑進**付之一炬**的屋子裏東翻西找着。有鄰居猜想樵夫也許**深藏不露**，簡陋的小屋裏其實藏着**奇珍異寶**，所以好奇地在一旁等着，想知道是甚麼樣的寶物。

過了半晌，樵夫興奮地大叫：「找到了！我找到了！」

鄰居紛紛走過去，發現樵夫手裏捧着的是一片斧刀，根本不是甚麼值錢的寶物。

樵夫先將木棍嵌進斧刀裏，自信滿滿地說：「未來掌握在我手上，只要有這把斧頭，我就可以重頭再起。」

付之一炬： 炬，火把。全部都被火燒毀。

深藏不露： 隱藏自身才學或技藝，不表現出來。

奇珍異寶： 罕見的珍貴物品。

這場**無妄之災**沒有讓樵夫**一蹶不振**，這是因為樵夫仍有一技之長，失去了的身外物可以重新獲得。沒有人的人生會**一帆風順**，經歷打擊後，仍要站起來**勇往直前**。困境是推進我們繼續前行的加油站，只要保持積極樂觀的心態，不管遇到甚麼困難，都能**絕處逢生**，**無往不利**。

成語自學角

無妄之災：無妄，意外。比喻意外的災禍。

一蹶不振：跌倒了就爬不起來。比喻一受到挫折，就再也無法重新振作起來。

一帆風順：帆船張滿帆，一路順風而行。比喻非常順利，沒有阻礙。

勇往直前：勇敢地一直往前進。比喻為達成目標，不畏艱難，持續努力。

絕處逢生：在毫無辦法之下又得生路。

無往不利：不管到哪裏都沒有行不通的。比喻做每件事情都很順利。

回想一次你遭遇挫折的時候，當時你是如何面對的？

試根據以下提示，完成七字成語的填字遊戲。

橫向：

1 置身於艱困而無退路的境地中，就能拼死向前，從而生存下來。

2 不要越過雷池，當謹守原有防地。後指做事不敢超越一定的範圍，或指對手不敢隨便來侵犯。

3 用到任何地方任何方面都可作為準則。

縱向：

一 剛出生的小牛不懼怕老虎。比喻閱歷不深的年輕人，膽大敢為，無所畏懼。

	一 初							
1置	之			而		生		
	2不		越			一		
		3放	之			而		準

神射手的基本功

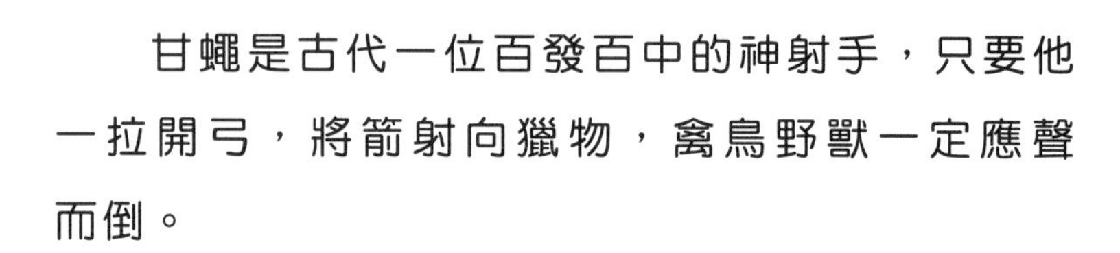

甘蠅是古代一位百發百中的神射手，只要他一拉開弓，將箭射向獵物，禽鳥野獸一定應聲而倒。

飛衛跟着甘蠅刻苦學習，名師出高徒，他也成了一位**名揚四海**的神射手。後來，有個**壯志凌雲**的人叫紀昌，立志要當神射手，來拜飛衛為師。

飛衛教導紀昌，指出射箭的三個基本功。

第一步：**磨杵成針**。紀昌對師父拍胸脯保證，他**一諾千金**，一定會堅持到底，不會**虎頭蛇尾**。

第二步：**目不轉睛**。飛衛對紀昌說：「你要先學會長時間不眨眼，能做到這一步，才能學射箭。」

成語自學角

名揚四海：四海，泛指天下。聲名流傳廣遠，天下都知道。

壯志凌雲：雄壯豪邁的志向直衝天際。形容志氣高遠。

磨杵成針：把鐵棒磨成針。比喻只要有恆心，肯下苦功，再難的事都可以辦得到。

一諾千金：應允的承諾相當於一千金的價值。比喻說話很有信用。

虎頭蛇尾：頭大如虎，尾細如蛇。比喻做事開始認真而結尾草率，有始無終。

目不轉睛：眼睛動也不動。形容看東西時凝神注視的樣子。

紀昌回家後，仰面躺在妻子的織布機下，兩眼努力地睜大，注視着梭子來回穿梭，即使眼睛痠澀到苦不堪言，仍堅持不懈。兩年後，即使有人突然拿着錐子刺到他眼前，他的眼睛也不會眨一下。

接着是第三步：越見越明。飛衞告訴紀昌：「你要把**小巧玲瓏**看得**碩大無朋**；把隱約模糊看得明顯清晰。」

紀昌回家後，在犛牛尾巴上選一根最細的毛，一端綁上一隻蝨子，一端綁在窗戶上，然後**心無旁騖**地盯着小蝨子。他持之以恆地練着，三年過去了，紀昌眼裏看到的蝨子日益月滋地變大，從一隻小蝨子變成像一隻鳥那樣大，又從鳥的大小變成跟車輪一樣大。這時紀昌再看看其

苦不堪言：痛苦得無法用言語表達。

堅持不懈：堅守到底，絕不鬆懈。

小巧玲瓏：形容物體小而細緻精巧。

碩大無朋：碩，大。朋，比。多用以形容大得沒有可以與之相比的，形容極大。

心無旁騖：騖，追求。專心一意，不會受外物所吸引。

持之以恆：持，堅守。有恆心地堅持到底。

日益月滋：益、滋，增加。每天每月增加。指逐漸地增加。

他的東西，全都變大了，有的竟大得跟山丘一般。

紀昌找出強弓和利箭，瞄準了蝨子，一箭射出，**不偏不倚**地射中蝨子的身體，而犛牛毛毫髮無傷。

飛衛欣慰地說：「你已經掌握了射箭的奧妙了，之後只要加強技巧，你的射箭術一定可以登峯造極！」

成語自學角

不偏不倚：沒有偏向、偏差。形容正中目標。也可形容中立公正。

登峯造極：登上山峯，達到頂點。比喻造詣或成就達到最高的境界。

試從這個故事所學的成語中，選擇最適當的填寫在橫線上。

1. 王伯今年所種的蘋果收成了，每顆都 ＿＿＿＿＿＿＿＿＿＿，令他很有成就感。

2. 爸爸說話向來 ＿＿＿＿＿＿＿＿＿＿，從來不失信於人。

3. 你學才藝老是 ＿＿＿＿＿＿＿＿＿＿，難怪甚麼都學不成。

4. 弟弟 ＿＿＿＿＿＿＿＿＿＿ 地看着展示櫃內的新款機械人，一邊跺腳，一邊大叫，央求媽媽買給他。

5. 小成的箭術非常厲害，每次射箭必定 ＿＿＿＿＿＿＿＿＿＿ 地射中紅心。

6. 他的變臉技藝已經到了 ＿＿＿＿＿＿＿＿＿＿ 的境界，沒有人能夠超越他的演出。

7. 這本口袋書 ＿＿＿＿＿＿＿＿＿＿ 的，隨身攜帶非常方便。

8. 沉重的學習壓力讓學生 ＿＿＿＿＿＿＿＿＿＿，父母應多給予子女支持，紓緩他們的壓力。

一枚銅錢的貪污罪

清朝年間，北京延壽寺街一間書店裏，有個書生站在離結賬櫃台不遠的書架旁看書。櫃台前有個客人正在付款，沒有留意有一枚銅錢掉到地上，並滾到這個書生的腳邊。書生**睥睨窺覦**，然後**裝模作樣**地換了個姿勢，順道把銅錢踏在腳底下。等那客人付完錢離開書店後，書生就撿起腳底下的這枚銅錢。

湊巧，書店裏的一位老翁看到書生**鬼鬼祟祟**地踏錢、取錢。他**不動聲色**地站起來走到書生面前，跟書生閒談了一會兒，問了他的名字，然後就離開了。

成語自學角

睥睨窺覦：暗中觀看以找出可行動的時機。

裝模作樣：故意做作，裝出某種樣子給人看。

鬼鬼祟祟：行事不正大光明的樣子。

不動聲色：一聲不響，不流露感情。形容遇事不張揚的冷靜態度。

欣喜若狂：欣喜，快樂。若，好像。狂，失去控制。形容高興到極點。

不聞不問：形容不關心，無動於衷。

後來，這個書生考試合格，被選派到江蘇常熟縣去任縣尉官職。書生**欣喜若狂**，即刻到常熟縣向上司江蘇巡撫大人報到。不過，一連十天，巡撫大人都**不聞不問**，沒有接見他，書生納悶極了。

第十一天，書生又去求見。府衙護衛官向他傳達巡撫大人的命令：「你不必上任了，你已經因為貪污罪被巡撫大人革職了。」

書生**大惑不解**，說：「我還沒到任，**平白無故**就說我貪污，這罪狀一定是**張冠李戴**！」連忙請求當面向巡撫大人澄清。

護衛官進去稟報後，又出來傳達巡撫大人的話：「看來你是記性不好，你忘記了延壽寺街書店的事了嗎？你或許認為我**小題大作**，但是你當秀才的時候，尚且**利慾熏心**，連一

大惑不解：惑，疑惑。解，理解。指對事物感到非常疑惑，不能理解。

平白無故：平白，憑空。故，緣故。沒有任何原因或理由。

張冠李戴：把姓張的人的帽子戴在姓李的人頭上。比喻弄錯了對象或弄錯了事實。

小題大作：以小題目作大文章。比喻將小事當成大事來處理或故意誇張渲染。

利慾熏心：被貪圖錢財利益的私慾蒙蔽了心智。

枚銅錢都不放過，今天當上了地方官，豈不圖謀**民脂民膏**，成為一名**寡廉鮮恥**的官員？請你馬上解下官印離開這裏，免得將來**禍國殃民**。」

原來書生在書店裏遇到的老翁，就是巡撫大人。當年的**一念之差**，如今要付出慘痛的代價，書生聽了慚愧地離去。

成語自學角

民脂民膏：脂、膏，油脂。比喻人民用血汗換來的財富。多用於指統治階級壓榨百姓來養肥自己。

寡廉鮮恥：缺乏廉恥之心。比喻不知羞恥。

禍國殃民：禍、殃，損害。使國家受害，人民遭殃。

一念之差：念，念頭、主意。差，錯誤。一個念頭的差錯，而導致嚴重後果。

俗語說：「貪字得個貧」，貪心最終可能一無所獲。你自己或其他人有類似的經歷嗎？

試從這個故事所學的成語中，選擇最適當的填寫在橫線上。

1. 為了一顆糖果，你就跟弟弟賭氣三天不說話，未免太 ____________ 了吧！

2. 有一個陌生人在巷子口 ____________ 地東張西望，我看還是請警察去了解一下好了。

3. 遇到這麼大的意外，他居然能夠 ____________，真是太冷靜了！

4. 美美真是 ____________！她竟然連幫同學的忙都要收費，太過分了！

5. 強哥當年因為 ____________，好奇接觸了毒品，才會落得今日無法自拔的下場。

6. 一聽到頒獎人宣佈第一名是婷婷時，大家都 ____________ 地尖叫起來。

7. 你一定要仔細調查清楚，絕對不能 ____________ 錯怪好人。

8. 他的英語考試明明取得九十多分，卻 ____________ 說成績很差。

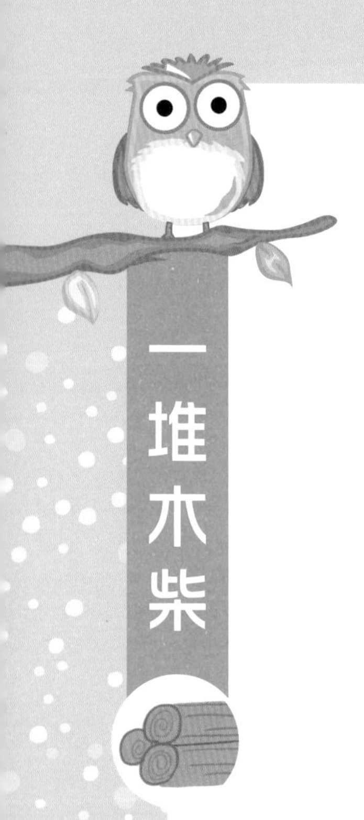

在**天寒地凍**的冬天，有個**飢寒交迫**的流浪漢來到一間閃爍着溫暖燈光的人家。他的一隻手在空中舉起又放下，好一會兒才鼓起勇氣敲開了大門。

慈眉善目的男主人伸出頭來，輕聲問道：「請問有甚麼事情嗎？」

流浪漢**有氣無力**地回答：「請問是否有甚麼工作可做？我只需要一頓**粗茶淡飯**的報酬……」說着，肚子還發出咕嚕咕嚕的聲音。

男主人側着頭想了一會兒，然後望向院子東邊的一堆木柴，說：「正好那堆木柴擋在路口，造成出入不便，也**有礙觀瞻**，請你幫我把它移到西邊的牆下吧！」

成語自學角

天寒地凍：天氣寒冷，大地結冰。形容氣候嚴寒。

飢寒交迫：交，一起、同時。飢餓和寒冷一起逼來。形容生活極其貧困。

慈眉善目：形容慈祥、和善的容貌。

有氣無力：形容人沒有力氣，很虛弱的樣子。

粗茶淡飯：粗，粗糙、簡單。淡食，指飯菜簡單。形容生活簡約。

有礙觀瞻：對景觀風貌有所妨礙。

流浪漢精神為之一振，立刻把木柴搬到西邊。當他完成工作時，女主人早就幫他準備好一桌熱騰騰的飯菜了。**飢腸轆轆**的流浪漢**狼吞虎嚥**地大吃起來，一下子就把桌上的食物全部清光！

屋子裏有個小男孩，是男主人的孫子。他從裏頭的房間探出頭來，**目不斜視**地盯着流浪漢。他心裏想着，這是第幾次了？那一堆木頭被上門求工作與食物的人，**三番五次**地從東邊搬到西邊，又從西邊搬到東邊。他想不透祖父的用意。

小孫子的疑惑，直到他長大後才得到解答。長大後的孫子因戰亂的緣故，四處**顛沛流離**。當他走到**山窮水盡**時，不得不像當

飢腸轆轆： 肚子因飢餓而發出咕嚕嚕的聲響。形容非常飢餓。

狼吞虎嚥： 形容吃東西又猛又急的樣子。

目不斜視： 眼睛不向旁邊看。比喻專注於某事，或形容態度正經不苟。

三番五次： 多次、屢次。

顛沛流離： 顛沛，受到挫折而生活困頓。流離，流浪離散。形容困頓不安定，無處安身，因而不斷遷移流浪。

山窮水盡： 山和水都到了盡頭，無路可走。比喻陷於絕境。

年的流浪漢一樣，向沿路人家尋求工作來做，以換取溫飽，那時他才徹底明白祖父的用心。

他內心**百感交集**，被祖父的**古道熱腸**深深感動着。祖父用一顆愛心幫助別人，又能**設身處地**維護別人的尊嚴，溫暖了那些需要幫忙的人的心。

成語自學角

百感交集：各種感受交纏在心中。比喻情緒混亂複雜。

古道熱腸：古道，古人的風範。熱腸，熱心。具有古人的風範和熱忱。形容待人寬厚、熱心。

設身處地：假設自己處在別人的處境中。指能從別人的立場，為別人着想。

試從這故事中選出適當的成語，填寫在以下橫線上。

我的叔叔長得 (1) ____________________，而且為人 (2) ____________________。叔叔常常做義工幫助貧苦人士，在 (3) ____________________ 的日子，他為 (4) ____________________ 的露宿者，送上禦寒衣物；平日又經常到獨居長者家派發食物，向他們送上暖心的問候和關懷。

救人就要救到底

華歆和王朗是一對好朋友，兩人**志同道合**，同樣很有學識，德行也受到讚揚，各方面都在**伯仲之間**。

某年洪水氾濫，淹沒了村莊和農田，百姓頓時**流離失所**，而盜賊四起，到處**趁火打劫**。華歆和王朗的家鄉也在水災的範圍，他們看時勢不太平，於是和幾個鄰居找了船一起逃難。

船上的人都到齊了，物資也**一應俱全**，正要解開纜繩離岸出發時，遠處有個人直奔而來。那人跑得披頭散髮，很是狼狽，還邊跑邊大喊：「別開船，等等我！」

這個人好不容易跑到船前，上氣不接下氣地說：「求求你們……找不到其他船了……也沒有

成語自學角

志同道合：志向相同，意見相合。

伯仲之間：伯、仲，為古代兄弟的排行次序。形容人才能相當，不相上下。

流離失所：四處流亡，沒有安身的地方。

趁火打劫：趁別人家失火的時候去搶劫。指趁人危難的時候，從中取利。

一應俱全：一應，一切。俱，都。一切都很齊全。

人肯收留我……你們是我僅剩的**一線生機**了……拜託……帶我一起離開吧！」

華歆**面有難色**，沉思一會兒才對那人說：「非常抱歉，我們的船載滿人了，實在**愛莫能助**，你另外想辦法吧！」

王朗聽了，責備華歆說：「華歆兄，船上還有位置，何況**見死不救**不是君子的作為，還是讓他上船吧！」

王朗這麼說，華歆就不堅持己見，讓那人上了船。

船才走幾天，就碰上盜賊猛烈地追擊。船上的人都驚慌地促船家快一點、再快一點。

王朗緊張地找華歆商量：「情況**刻不容緩**，不如叫最後上船的人下去吧！減輕船的重量，才能快點。」

一線生機：像一條線般細微的生存機會。比喻很小的生存機會。

面有難色：臉上露出為難的神色。

愛莫能助：內心雖然關切同情，但卻沒有力量幫助他。

見死不救：見人有危難，卻不加以援救。

刻不容緩：緩，拖延。形容情勢十分緊迫，一刻也不容耽擱。

華歆嚴肅地拒絕：「**人命關天**，**非同兒戲**啊！起初我猶豫再三，就是擔心影響整艘船的安危。如今既然答應讓他上船，怎麼可以**出爾反爾**，見苗頭不對就拋下他呢？」

王朗聽了這話，羞愧極了。在華歆的堅持下，全船的人還是**始終如一**，沒有拋棄最後上船的那個人。而他們最終也能**化險為夷**，抵達目的地。

成語自學角

人命關天：關天，比喻關係重大。指有關人命的事情關係重大。

非同兒戲：非常嚴肅、重要的事，不同於兒童的遊戲玩笑。

出爾反爾：爾，你。原意是你怎麼做，就會得到怎樣的後果。現指人的言行反覆無常，前後自相矛盾。

始終如一：自始至終都一樣。

化險為夷：險，險阻。夷，平坦。把險阻化為平坦。指轉化危險為平安。

華歆和王朗幫助別人的方式有甚麼不同？你較認同哪種方式？

成語練功房

寫一寫

試從這個故事所學的成語中，選擇最適當的填寫在橫線上。

1. 你先前答應幫我，現在卻說不能幫，你這樣 ____________________ ____________，導致我的計畫得不斷地變更啊！

2. 三十多年來，陳老闆堅持每天四時起牀製作手打麪，確保食物質素和味道 ____________________。

3. 本來我想約琪琪看電影，但看她 ____________________，似乎對這部電影不感興趣。

4. 林大哥憑着純熟的野外求生技能，在登山時曾遇過幾次危難，最後都能 ____________________。

5. 強哥和小順兩人是 ____________________ 的好朋友，他們都熱衷集郵。

6. 我可以幫你複習功課，教懂你不會的地方，但是考試你一定得自己考，旁人是 ____________________ 的。

7. 竟然有人在災難現場 ____________________，拿走別人的財物，真是可恥！

8. 他們兩個的球技在 ____________________，誰輸誰贏都不奇怪。

手捧空花盆的孩子

有一個國君年逾古稀了，由於他膝下無子，後繼無人，所以對國家的未來非常擔憂。

有一天，國君告訴全國百姓：「我要舉辦一個種花活動，讓全國的孩子參加。我會發給每個孩子一粒花籽，誰能栽種出最美麗的花朵，我就將畢生智慧傾囊相授，讓他成為未來的君主。」

一個天真爛漫的孩子宋金，也領了一粒花籽回去。他把花籽種在盆裏，全心呵護，等着土裏冒出幼芽，抽出嫩枝，滿心期待花開的日子。他以為開花的日子指日可待，可是一天天過去，盆裏甚麼都沒長出來。宋金着急起來，他換了盆子和泥土，又施了肥料，重新種過，可是仍是徒勞無功，連根草都沒種出來。

成語自學角

年逾古稀：逾，超過。古稀，七十歲。年紀超過七十歲。

後繼無人：沒有後人來繼承前人的事業。

天真爛漫：爛漫，坦率自然的樣子。性情單純率真，自然不做作。

指日可待：指日，可以指出日期，比喻不久之後。指願望或期盼不久即將實現。

徒勞無功：徒然，白白地。白白付出勞力，而沒有任何效益。

奼紫嫣紅：形容繁花盛開，鮮豔嬌美的樣子。

到了比賽那天，王宮前一片**姹紫嫣紅**。全國的孩子個個有備而來，信心滿滿地捧着花盆，紅的、黃的、紫的……花朵**爭奇鬥豔**，令人**應接不暇**。誰的花最美？那真是**不分軒輊**啊！

國君開始檢視花朵了。他來到一個個孩子的面前，看着一盆盆美麗的花卻**愁眉不展**，一句話也不說，直至來到一個**沒精打采**，捧着空花盆的孩子——宋金面前。

國君問他：「孩子，你怎麼捧着一個空花盆呢？」

爭奇鬥豔：爭相展現出奇異鮮豔的風貌。

應接不暇：暇，空閒。形容美景繁多，來不及觀賞。後多用來形容人或事務太多，應付不完。

不分軒輊：軒，古代車子前高起的部分。輊，古代車子後低下的部分。比較之後，分不出高低。

愁眉不展：雙眉緊鎖，很憂愁的樣子。

沒精打采：沒有精神、提不起勁來。

面對國君的問話，宋金的眼淚**奪眶而出**。他說：「我把花籽種在盆裏，悉心地照料着，可是花籽怎麼也不發芽，我……我只好捧着空花盆來了。」

國君聽完宋金的話，終於**笑逐顏開**。他說：「就是你了！我要找一個誠實的孩子當國君，而你就是這樣一個**難能可貴**的孩子。未來成為一國之君的人，非你莫屬！」

原來，國君發給大家的花籽是有玄機的 —— 那些種子都煮過了，而煮過的種子怎麼會發芽開花呢？

成語自學角

奪眶而出：形容眼淚迅速地從眼眶中流出來。

笑逐顏開：逐，隨着。心中因喜悅而臉上綻開笑容。

難能可貴：難能，極難做到。難做的事居然做到，值得珍視。

思考園地

除了誠實外，你認為要成為國君還須具備甚麼條件？

試運用「應接不暇」這個成語，分別描寫煙花、自然風景和司機的工作。

描寫煙花

1. ________________________________

____

____

描寫自然風景

2. ________________________________

____

____

描寫司機的工作

3. ________________________________

____

____

牛糞與佛像

宋代的大文豪蘇東坡和金山寺的佛印禪師是**意氣相投**的**莫逆之交**，兩人**過從甚密**，時常一起吟詩作對，也常鬥嘴鬥智。許多發生在他們間的對話軼事，更是**妙語如珠**，在歷史上廣為流傳。

某日，蘇東坡到金山寺找佛印禪師打坐參禪。坐了一陣子，蘇東坡覺得通體舒暢，心想這回打坐必有所進步，於是就問佛印禪師：「禪師，你看我打坐參禪的姿勢如何？」

佛印看了看，點頭微笑說：「好莊嚴，像一尊佛。」

蘇東坡聽了非常高興。佛印禪師也問蘇東坡：「學士，那你看我打坐的姿勢怎麼樣？」

蘇東坡和佛印**脣槍舌戰**慣了，當然不會放

成語自學角

意氣相投：彼此志趣和性情合得來。

莫逆之交：莫逆，沒有違逆的事。心意相投、沒有嫌隙的好朋友。

過從甚密：交往頻繁，關係密切。

妙語如珠：美好的話語像珍珠一樣，一顆顆圓轉靈活。形容用語靈活，或說話風趣。

脣槍舌戰：形容辯論時言語鋒利，爭辯激烈。

過嘲弄禪師的機會，馬上回答：「像一堆牛糞！」

佛印禪師聽了也很高興。看到平常**應對如流**的禪師被自己喻為牛糞，竟無言以對，反而點了點頭。蘇東坡心想佛印**不過爾爾**，逢人便**大吹大擂**：「今天我贏佛印了！」

蘇東坡的妹妹蘇小妹好奇地問：「哥哥，你究竟是怎麼贏禪師的？」

蘇東坡眉開眼笑、**比手畫腳**地如實敘述了一遍。

冰雪聰明的蘇小妹，聽了蘇東坡得意不已的敘述後，不由得噗哧一笑，用挖苦的語氣嘲弄他說：「哥哥，你今天可到處**丟人現眼**了！因為你才是**不折不扣**的輸家！你應該

應對如流：形容人才思敏捷，答話如流水般順暢。

不過爾爾：爾爾，如此、這樣的意思。不過如此罷了。

大吹大擂：擂，敲擊。本指大聲吹奏、用力擊打樂器，形容喜慶的畫面。今多用來比喻大肆吹噓或張揚。

比手畫腳：以手腳比畫，幫助意思的傳達。

丟人現眼：當眾出醜。

不折不扣：按照定價，不打折扣。指十足、完全。

作如是觀：禪師的心中如佛，所以他看你如佛；而你的心中像牛糞，所以你看禪師才像牛糞！」

蘇小妹**一語中的**，讓蘇東坡聽了直拍腦袋，笑罵自己**愚不可及**，同時對佛印禪師的修養感到**自愧弗如**。

成語自學角

作如是觀：如是，如此。作這樣看。以這樣的態度或角度來看待。

一語中的：的，箭靶的中心，在此比喻事情的關鍵點。一句話就說中了事情的要點。

愚不可及：原指人善於裝傻，不是常人所能及。今指人愚蠢到了極點。

自愧弗如：因為不如別人，而感到慚愧。

試從這個故事所學的成語中，選擇最適當的填寫在橫線上。

1. 琪琪與小佩 ____________________，是無話不說的好朋友。

2. 欣欣姐姐的話 ________________________，把我的猶豫與心結都解開了。

3. 自從誤會解開後，小嘉和阿真就成為情同姐妹的 ________________ __________。

4. 王太太，這一陣子你家的阿明跟幾個不良少年 __________________ __________，你一定要多留意，別讓他走偏了路啊！

5. 那個人講話誇張不實到極點，你竟然還相信他，真是 ____________ __________！

6. 哥哥因為感冒咳嗽導致聲音沙啞，說話時還得 __________________ __________，別人才知道他在說甚麼。

7. 小新十分推崇這本小說，但我讀過後，卻覺得 __________________ __________。

8. 靜兒在面試時 ____________________，深得主考官的讚賞。

女兒的救命恩人

有間大公司正招聘一名高級職員，由於待遇優渥，人人都想得到這份**夢寐以求**的工作。複試由總經理培克先生親自主持，他是一位**知人善任**的大企業家，這些年來為公司培育了不少人才。

一個年輕人得知要由這位**卓爾不羣**的人來主持複試，一連幾天**殫精竭慮**地準備，期望能**馬到成功**。

面試那天，培克先生很客氣地接見年輕人。培克先生凝視着年輕人，突然**心潮澎湃**，緊緊地握住他的手，說：「是你！我竟然在這裏找到你！」培克先生**喜出望外**，向其他人嚷着：「各位！他就是救我女兒的那位年輕人！」

成語自學角

夢寐以求：連在睡夢中都在期盼、追求。形容期望之迫切、強烈。

知人善任：能識別、拔擢人才，並能依據其專長而加以任用使能發揮所長。

卓爾不羣：卓爾，特立突出。優秀突出，超越眾人。

殫精竭慮：殫，竭盡。費盡精力和心思。

馬到成功：征戰時戰馬一到便獲得勝利。比喻成功迅速而順利。

心潮澎湃：心緒如潮水不斷在撞擊。形容心情非常激動。

年輕人還沒說話，培克先生又說：「真抱歉！那時只顧着照顧女兒，沒來得及向你表達謝意。」

年輕人如坐雲霧，搖搖頭說：「培克先生您認錯人了，在今天之前，我們沒有見過面，我更沒救過您女兒。」

培克先生着急地說：「我記得你左臉有個黑痣，肯定是你！五月十一日，青湖邊，遇溺的女孩……想起來了嗎？」

「您真的弄錯了，我從沒救過溺水的人。」年輕人矢口否認。他想，若**將錯就錯**地承認，或許能**輕而易舉**獲得這份工作，但他日後將無法心安理得。所以面對培克先生口口聲聲的指認，他還是抑制住加速的心跳否認了。

喜出望外：望外，意想不到。指因意想不到的事感到欣喜。

如坐雲霧：像坐在雲霧裏一樣。比喻頭腦糊塗，無法辨析事理。

矢口否認：發誓堅持不承認。

將錯就錯：順着已造成的錯誤，繼續行事。

輕而易舉：重量輕而容易舉起。形容非常輕鬆，毫不費力。

心安理得：行事合於情理，心中就坦然安適。

口口聲聲：不停地、反覆地陳述着某一說法。有強調的意味。

見年輕人堅決的樣子，培克先生先是愣住，一會兒又笑了：「年輕人，你的誠實真是**不可多得**，我欣賞你！」

後來，該公司果真聘請了年輕人。某天，年輕人和人事主管閒聊，年輕人問：「救培克先生女兒的人找到了嗎？」

「他女兒？」人事主管大笑起來，「很多人因為他女兒而被淘汰，因為培克先生的女兒根本是**子虛烏有**的啊！」

成語自學角

不可多得：形容非常難得。

子虛烏有：子虛和烏有，是司馬相如《子虛賦》中虛構的兩個人物。指假設而非真實存在的事物。

試以「此後小貓咪安安便成為我們家庭的一分子」為結尾，運用提供的成語，說說你和安安的故事。

成語

夢寐以求　　喜出望外

有個女人很喜歡說長道短，連村裏的三姑六婆都忍無可忍。有一天，大家集合到村中一位賢明的長者那裏，七嘴八舌地控訴她的行為。

長者聽完控訴之後，便找那個多嘴的女人來，問她：「你為甚麼要散播一些無中生有的事呢？」

多嘴的女人一副滿不在乎的樣子，笑答：「我不過說了些雞毛蒜皮的事，又沒有憑空捏造。偶爾言過其實，也只是讓事情變得更加有趣罷了！」

「這樣嗎？」長者拿了一個大袋子給女人，說：「你把這個袋子拿到廣場，再打開袋子，然後沿途將裏頭的東西放在路邊。回到家後，你再循着原路，把東西一一回收。」

成語自學角

說長道短：隨意議論別人的是非、好壞。

三姑六婆：指愛搬弄是非的婦女。

忍無可忍：忍耐到了極點，無法再忍耐下去。

七嘴八舌：形容人多口雜，意見紛亂的樣子。

無中生有：本來沒有這件事，是憑空捏造而來的。

滿不在乎：完全不在意，完全不當一回事。

女人接過袋子，輕飄飄的重量讓她好奇極了。她**步履如飛**地趕到廣場去，結果打開一看，裏面竟是一堆羽毛。

女人雖然**茫然不解**，但仍照着長者的吩咐進行。此時正值**秋高氣爽**，秋風把羽毛吹散四處，女人只拾得幾根羽毛回到長者那裏。

「你終於回來了，試說說你一路上看到了甚麼？」長者說。

女人回答：「一路上，我看到有人因為羽毛過敏打噴嚏；小貓追着羽毛而打翻花盆；幾位太太為了飛進家裏的羽毛而重新打掃；有些羽毛沾到泥巴變得髒兮兮……」

雞毛蒜皮：雞的毛，蒜頭的皮。用來比喻沒有價值、不重要的小事。

憑空捏造：毫無根據的編造、假造。

言過其實：說話浮誇，與事實不符。

步履如飛：形容行動快速。

茫然不解：對事不明白或不能理解。

秋高氣爽：深秋的天空清朗，天氣涼爽。

「所有未經證實的事情，都像袋子裏的羽毛，一旦從嘴裏溜出去，就很難回收；也像飛出去的羽毛一樣，在無形中造成別人的困擾。」長者說。

這個女人望着袋子裏的幾根羽毛若有所思，一語不發，過了一會兒才對長者說：「我明白了！」

所謂「病從口入，禍從口出」，我們一定要謹言慎行，任何事情在沒有弄清楚前，都不要無事生非，隨意傳播，以免造成謠言害己害人。

成語自學角

若有所思：好像在想些甚麼事。形容沉思或發呆的樣子。

一語不發：一句話都沒有說。

無事生非：原本無事，而有意造成事端。

有些成語存在一對相反字，例如「說長道短」。試在（　）內填寫成語中的相反字。

1. 小明（　　）思（　　）想着在玩具店看到的模型，連上課都不能專心。

2. 到了中秋佳節，這個公園變得人（　　）人（　　），居民都走出來賞月、玩花燈。

3. 在外地工作多年的叔叔回到家鄉後，發現很多事物都已經（　　）非（　　）比。

4. 我並沒有討厭小光啊！你別（　　）中生（　　），破壞我們的友誼。

5. 我陷入（　　）（　　）兩難的局面，不知如何是好！

6. 美食展開幕日，市民爭（　　）恐（　　）進場，去搶奪特價食品。

7. 姐姐畫得一手好畫，卻去做售貨員，真是（　　）材（　　）用！

8. 一宗交通意外現場，死者親人呼（　　）搶（　　），哭個不停。

泥偶與木偶

山東省境內淄水的河畔，立着兩尊人偶，一尊泥塑的，一尊木雕的。在天旱無雨的季節，泥偶和木偶曾**相安無事**相處了一段時間。**日往月來**，木偶對泥偶漸漸輕視起來，總是有意無意找些事情借題發揮來譏笑他。

有一天，木偶**老氣橫秋**地對泥偶說：「你原本是淄水西岸的泥土，人們把泥土揉合起來捏成

成語自學角

相安無事：彼此和平共處，未生事端。

日往月來：太陽沒入後，月亮接着出現，日子一天一天更迭。形容時光飛逝。

老氣橫秋：老練的氣概充塞秋日的天空。形容人充滿老練的氣概，一副自恃經驗豐富，而驕傲不謙虛的樣子。

活靈活現：形容生動逼真的樣子。

大雨傾盆：形容雨勢又急又大，就像是從盆子中倒出來一樣。

了你。別看你現在是一尊**活靈活現**、神氣十足的人像，等八月一到，**大雨傾盆**，眼前這條大河猛漲起來，你很快就會被水泡成一堆稀泥，這後果讓我光想想就**不寒而慄**啊！」

泥偶對木偶**幸災樂禍**的心態**不以為意**。他嚴肅地對木偶說：「謝謝你的關心！**毋庸置疑**，你說的是事實，不過，我並不那麼害怕。既然我是用淄水西岸的泥土捏成的泥人，即使被水沖得**面目全非**，變成了一堆稀泥，也僅僅是還原本來的樣貌，讓我回到淄水西岸罷了。」

泥偶停了一下，端詳了木偶一番，擔憂地說：「倒是你要仔細地想一想，你本來是東方的一塊桃木，後來被雕成了人像。一旦八月雨季來臨，引起淄水猛漲，浩蕩的河水將把你沖走。那時候，你只能**隨波逐流**，不知會漂泊到哪裏去呢！老兄，你還是多為自己的命運操心吧！」

不寒而慄：慄，發抖。不覺寒冷卻會發抖。形容非常恐懼。

幸災樂禍：對別人不幸的遭遇引以為樂。

不以為意：沒放在心上，不在意。

毋庸置疑：毋庸，不須。用不着懷疑。表示很明顯或很正確。

面目全非：非，不相似。相貌變得完全和原來不一樣。形容事物變化很大。

隨波逐流：順着水波漂流。比喻人沒有主見或方向，容易受人或環境的影響而行。

木偶不屑地撇撇嘴說道：「你不要在這裏**危言聳聽**，我又不會散掉，大雨和河水又能拿我怎麼辦？」

沒隔幾天，轟隆一聲，雷響拉開了雨季的序幕。泥偶在漸漸消融當中，隱約聽到木偶被大水沖走時，驚慌求救的慘叫聲。

這則寓言告訴我們，不要自以為聰明，在嘲笑別人的時候，要看看別人的優點，也要想想自己的缺點。

成語自學角

危言聳聽： 聳，驚動、驚駭。故意說些誇大、嚇人的話語，使人聽了感到恐懼。

在雨季來臨時，你寧可成為泥偶回歸自然，還是成為木偶隨河水到處漂泊？為甚麼？

試從這個故事所學的成語中，選擇最適當的填寫在橫線上。

1. 弟弟真討厭！他總在我被爸爸責罵時，＿＿＿＿＿＿＿＿＿＿ 地說風涼話。

2. 志傑唯恐天下不亂，老愛 ＿＿＿＿＿＿＿＿＿＿，散播不實的消息。

3. 車禍時猛烈的撞擊，把整輛車子撞得 ＿＿＿＿＿＿＿＿＿＿。

4. 姐姐擅長繪畫，隨便畫幾筆，一隻狗就在紙上 ＿＿＿＿＿＿＿＿＿＿ 地呈現出來。

5. 沒有人喜歡生病，這一點 ＿＿＿＿＿＿＿＿＿＿，所以我們要多做運動鍛鍊身體。

6. 我們在營地說起恐怖故事，忽然傳來幾聲鴉啼，令人 ＿＿＿＿＿＿＿＿＿＿。

7. 午後 ＿＿＿＿＿＿＿＿＿＿，把暑氣都消解了一大半。

8. 我的電腦熒幕閃了一下，起初 ＿＿＿＿＿＿＿＿＿＿，過沒多久，竟然當機了。

從前有兩個和尚，居住在相鄰的兩座山頭，山之間有一條小溪。每天，兩個和尚**不約而同**在同一時間到溪邊挑水，**年深日久**，他們成為了朋友。

斗轉星移，不知不覺間五年過去了。

有一天，右邊山的和尚沒有下山挑水，左邊山的和尚以為他睡過頭了，對此不以為意。誰知第二天、第三天，都不見他，過了一個星期還是**無影無蹤**。左邊山的和尚猛然一驚，**坐卧不安**，他想：這麼久都沒看到他來提水，恐怕發生甚麼事了！

成語自學角

不約而同：彼此並未事先約定，而意見或行為卻相同。

年深日久：形容經過一段很長久的時間。

斗轉星移：星星在天體運行移動。表示時序移轉，光陰流逝。

無影無蹤：消逝得沒有蹤跡。

坐卧不安：一個人情緒不安，坐也不是，站也不是。形容焦急、煩躁，心神不寧的樣子。

這麼一想，當下**牽腸掛肚**起來，於是左邊山的和尚過了小溪，爬上右邊山去探望他的朋友。他一路上**憂心如焚**，設想各種可能性，越想越擔心。當他到達右邊山的寺廟，看到老朋友時，卻大感意外。

右邊山的和尚**悠然自得**地在廟前打着太極拳，那**容光煥發**的模樣，完全不像一個星期沒喝水的人！

左邊山的和尚看到好朋友**安然無恙**，放下心頭大石，但他卻**滿腹狐疑**，問：「你不用喝水嗎？你已經一個星期沒下山挑水了。」

右邊山的和尚說：「來來來，我帶你去看。」

牽腸掛肚：比喻十分掛念、放心不下。

憂心如焚：心中憂愁有如火在燃燒。形容極為憂愁焦慮。

悠然自得：神態從容，心情閒適的樣子。

容光煥發：臉上閃耀着光彩。表示精神飽滿的樣子。

安然無恙：恙，疾病、災禍。平安而沒有任何疾病或禍患。

滿腹狐疑：狐疑，像狐狸那樣多疑。一肚子的疑惑。形容心中充滿疑惑，無法確定。

他帶着左邊山的和尚走到後院，指着一口井說：「這五年來，我每天挑完水，做完要做的事，就會來挖井。不管是空閒的日子，還是**席不暇暖**，能挖多少就挖多少。我相信**事在人為**，**有朝一日**一定會讓我挖到水的。果然皇天不負苦心人，如今我不用天天為水**奔波勞碌**，還省下許多時間，能練習喜愛的太極拳呢！」

成語自學角

席不暇暖：席子都還沒坐暖，就要起身去忙別的事情。比喻非常忙碌，沒有休息的時候。

事在人為：事情成功與否，決定在人是否努力。

有朝一日：將來有一天。通常是預料某事會在某天實現。

奔波勞碌：忙碌奔走，不得悠閒。

右邊山的和尚怎樣妥善安排和計劃時間？這對你有甚麼啟發？

寫一寫

試從這個故事所學的成語中，選擇最適當的填寫在橫線上。

1. 經過一個星期的休假後，小剛變得活力十足，整個人 ______________，精神飽滿。

2. 爸爸自從升上經理後，忙得 ______________，更別提帶全家出去玩了。

3. 天色漸漸轉黑，而我偏偏迷路了，一時之間 ______________。

4. 小亮持之以恆，每天不間斷地練習書法，期望 ______________ 成為書法家。

5. 你每天都這麼晚睡，______________，身體會弄壞的！

6. 小貓咪咪失蹤了一個星期，如今 ______________ 回來，大家都很開心。

7. 雖然事情很困難，但 ______________，只要肯嘗試，就有成功的希望。

8. 自從姐姐去外國讀書後，爸媽就 ______________，擔心她不會照顧自己。

有一個修道者，離開他**土生土長**的村莊，來到一座深山修行，過着**安貧樂道**的隱居生活。他**兩袖清風**，只帶了一塊布當作衣服。

過了幾天，當他要洗衣服時，才發現需要另一塊布來替換。於是修道者下山到村莊，向村民討一塊布。村民知道他是虔誠的修道者後，**分文不取**送給他一塊布。

修道者就帶着布回到山上。過了幾天，他發現茅屋裏有一隻小老鼠，常會趁他打坐時來咬另一塊要替換的布。他**嚴於律己**，堅守不殺生的戒律，所以不想傷害小老鼠。這該怎麼辦？於是他又下山到村莊去，這次他向村民要了一隻貓。

成語自學角

土生土長：自小至大都在當地生長。

安貧樂道：以信守道義為樂，而能安於貧困的處境。

兩袖清風：除兩袖之清風外，身上別無所有。形容瀟灑飄逸、超脫凡俗的樣子；或形容作官廉潔，毫無貪贓枉法之事。

分文不取：一點錢也不拿。

嚴於律己：對自己的約束很嚴格。

他手裏抱着貓，正打算回山上時，突然想到——貓要吃甚麼呢？修道者只吃山裏摘的野菜和水果，但貓若只吃這些，恐怕會因為無法滿足**口腹之慾**而吃掉老鼠。修道者只希望用貓嚇嚇老鼠，而不是**趕盡殺絕**。他便再跟村民要了一頭乳牛，這樣貓就可以靠牛乳為生。

既然養了貓和牛，就**責無旁貸**要照顧牠們。然而過了一陣子後，他發現照顧乳牛的工作，弄得自己**分身乏術**，還提甚麼修行呢？於是他又找了一個**遊手好閒**的大漢到山上幫他照顧乳牛。

口腹之慾：飲食的慾望。

趕盡殺絕：全部消滅。比喻手段狠毒，欺人太甚。

責無旁貸：自己應盡的責任，沒有理由推卸。

分身乏術：比喻非常繁忙，無法再兼顧他事。

遊手好閒：遊蕩貪玩，無所事事的樣子。

大漢在山上住了一段時間後，對修道者抱怨說：「我是**凡夫俗子**，這樣**清心寡慾**的生活，實在令我**難以為繼**！」修道者想了想，認為大漢是對的。修道是他自己的選擇，但要別人跟他過一樣的生活，就太**強人所難**了。

所謂「**慾壑難填**」，人的慾望永遠不能滿足，而且會為自己的慾望找不同的理由。你可以猜到，也許不久後，整個村莊都會搬到山上去。

成語自學角

凡夫俗子：相對於在宗教上有特別成就者，泛指一般世俗之人。

清心寡慾：去除內心的雜念，減省對外物的慾求。

難以為繼：無法再繼續下去。

強人所難：勉強別人做不願或做不到的事。

慾壑難填：形容慾望如同深谷一樣，永遠難以滿足。

思考園地

你會常常感到不滿足嗎？原因是甚麼？

試從這個故事所學的成語中，選擇最適當的填寫在橫線上。

1. 維護教室整潔，是每個同學 ____________ 的事。

2. 隨着年紀越大，奶奶越是 ____________，生活過得很簡單。

3. 他是一個重視美食的人，為了滿足 ____________，他到處旅行，品嚐各國美食。

4. 李媽媽縫紉手藝極巧，為人又熱心，總是幫人修改衣服卻 ____________。

5. 我明明就不喜歡重金屬搖滾樂，你何必 ____________，硬要我聽呢？

6. 我不過是個 ____________，不想飛黃騰達，只求有個穩定的生活。

7. 像你這樣 ____________，愛亂買東西，若不加以節制，遲早有一天會負債累累。

整修寺廟競賽

有個皇帝想整修京城裏的一座寺廟，他派人去找技藝高超的人員，希望將寺廟整修得美麗又莊嚴。有兩組人員被找來了，其中一組是城裏**赫赫有名**的工匠與畫師，另外一組是幾個和尚。

這兩組人馬**各有千秋**，皇帝無法判斷哪一組人員的手藝比較好，於是決定讓他們**一決雌雄**。剛好城裏有兩間面對面的小寺廟，皇帝便要求這兩組人員，各自去整修一間小寺廟，三天之後驗收成果。

工匠與畫師向皇帝要了上百種的顏料，又要求了**形形色色**的工具，而和尚居然只要了抹布、水桶、刷子等簡單的清潔用具，**相形之下**寒傖多了。皇帝雖然很納悶，但他決定**作壁上觀**，靜靜地**拭目以待**。

成語自學角

赫赫有名：赫赫，顯赫盛大的樣子。形容非常有聲望。

各有千秋：千秋，千年，引申為久遠。比喻各有優點，各有所長。

一決雌雄：雌雄，這裏比喻高低、勝負。互相較量來比出高低、決定勝負。

形形色色：各種形體，各種顏色。形容種類很多。

相形之下：相形，比較。相互比較之後。

三天之後，皇帝來驗收兩組人員裝修寺廟的結果。他先看工匠與畫師所裝飾的寺廟，只見他們用了非常多的顏料，以精巧的手藝把寺廟裝飾得美不勝收。

皇帝很滿意，接着又看了和尚負責整修的寺廟。

他一看之下就愣住了！和尚所整修的寺廟沒有塗上任何新顏料，只是把所有的牆壁、桌椅、窗戶等擦拭得**一塵不染**，顯現了原來的顏色，還原寺廟的本來面目。寺廟光亮的表面就像鏡子，反射出四周景物的色彩，天邊變化多端的雲彩、**枝葉扶疏**的樹影，甚至是對面富麗堂皇的寺廟，都成了這座寺廟美麗色彩的一部分。

作壁上觀：在壁壘上觀看雙方交戰。比喻坐觀成敗，不幫助任何一方。

拭目以待：擦亮眼睛等着看。比喻期待事情的發展與結果。

美不勝收：勝，盡。收，收入眼底，引申為觀賞的意思。美好的事物太多，觀賞不盡。

一塵不染：一點灰塵都沒有。比喻物品或環境非常乾淨。

枝葉扶疏：形容樹木的枝葉繁茂。

原來最好的修繕，就是**反璞歸真**。再看工匠與畫師整修的寺廟，反而覺得那些裝飾**畫蛇添足**了。

站在這座莊嚴的寺廟前，皇帝不由得**肅然起敬**，一股**難以言喻**的感動**油然而生**。勝負就在這刻揭曉了。

成語自學角

反璞歸真：璞，指未經雕琢的玉石。除去外在虛偽的種種，回復原始淳樸天真的境界。

畫蛇添足：畫了蛇，還幫蛇添上不該有的腳。比喻多此一舉，使事情變得更糟。

肅然起敬：肅然，嚴謹恭敬的樣子。起敬，心生敬意。因受感動而欽佩恭敬。

難以言喻：無法用言語來形容。

油然而生：油然，自然而然。自然而然地產生。

如果你要翻新自己的家，你喜歡富麗堂皇還是簡單樸素的家居佈置？為甚麼？

試從這個故事所學的成語中，選擇最適當的填寫在橫線上。

1. 小新承諾會改掉他所有的壞習慣，全家都 ＿＿＿＿＿＿＿＿。
2. 走在搖晃的吊橋上，腳底下的山谷深不可測，一股恐懼感 ＿＿＿＿＿＿＿＿。
3. 吳爺爺將辛苦攢下的積蓄全捐給慈善機構，他的仁愛胸懷讓我 ＿＿＿＿＿＿＿＿。
4. 大掃除後，整個教室 ＿＿＿＿＿＿＿＿，給人一種新氣象。
5. 這兩篇文章，一篇情感真摯，一篇論點精闢，它們 ＿＿＿＿＿＿＿＿，都是好作品。
6. 春天到來，滿園子的花朵競相綻放，景色 ＿＿＿＿＿＿＿＿。
7. 這道菜的口感 ＿＿＿＿＿＿＿＿，酸甜軟脆……哎！你吃了就知道啦！
8. 這部電影大致上還不錯，但是結局多加了那一段對白，顯得 ＿＿＿＿＿＿＿＿。
9. 在爺爺悉心照料下，庭院裏的樹木 ＿＿＿＿＿＿＿＿，一解夏天的暑氣。

宣王的弓

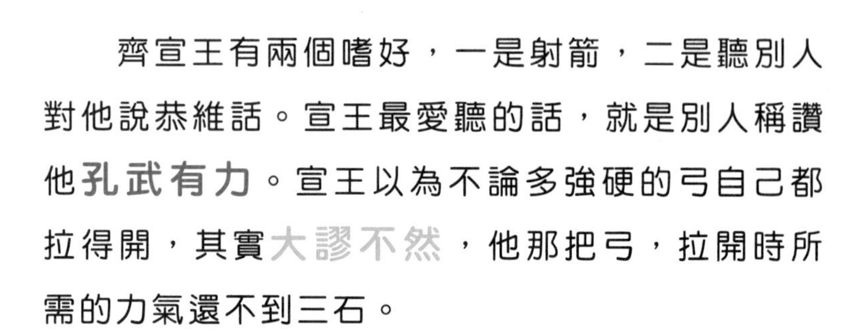

齊宣王有兩個嗜好，一是射箭，二是聽別人對他說恭維話。宣王最愛聽的話，就是別人稱讚他**孔武有力**。宣王以為不論多強硬的弓自己都拉得開，其實**大謬不然**，他那把弓，拉開時所需的力氣還不到三石。

大王的喜好會影響臣子，於是一羣**阿諛奉承**的大臣充斥朝廷。

宣王射箭的時候，總會向身邊的大臣表演拉弓的英姿。那班**投其所好**的大臣，便會故意拿起宣王的弓，架勢十足地拉開來試試。他們裝出**全力以赴**的樣子，一個個鼓滿腮幫子，兩眼瞪得大大的，將弓慢慢地拉開，然後在拉到半滿時，露出一副再也拉不開的樣子，再一下子鬆開

成語自學角

孔武有力：勇武而且力氣大。

大謬不然：謬，錯誤。不然，不是如此。指大錯，與事實完全不符。

阿諛奉承：曲意迎合，討好他人。

投其所好：迎合他人的喜好。

全力以赴：投入所有的心力去做。

千篇一律：形式、內容毫無變化。也指做事呆板，不知變通。

手，最後說出千篇一律的違心之論：「哎呀！這把弓真是太強勁了，如果沒有九石的力氣就別妄想把它拉開！」

「那還用說！只有我們英明偉大的大王，才能如運諸掌地拉開這樣的弓。」一個巧言如簧的大臣說。

「大王神力！我們跟大王一比，簡直就是手無縛雞之力啊！」一個曲意逢迎的大臣說。

「哈哈哈！大臣真是過獎啦！不過差強人意罷了！」聽了這些話，齊宣王心裏特別舒服，就像被熨斗熨過般服服貼貼的；又像吃了蜜糖一樣，甜甜滋滋的。

違心之論：違背真心的話。

如運諸掌：好像把東西運轉在手上一樣。比喻非常容易。

巧言如簧：簧，管樂器中用來振動發聲的薄片。比喻人的言辭巧妙動聽。

手無縛雞之力：雙手連捆綁住一隻雞的力氣都沒有。形容人文弱無氣力。

曲意逢迎：違反自己的心意，以迎合他人。

差強人意：原指很能振奮人心。後比喻雖然不夠好，但大體上還能讓人滿意。

其實拉開那把弓只需要三石的力氣就**遊刃有餘**，但是在眾人的蒙蔽下，宣王**一廂情願**地堅信他能拉開九石的弓。若一個人不願聽真話，不願去接受自己實際的能力，而抱着虛名**沾沾自喜**，那就永遠不會進步。

成語自學角

遊刃有餘：宰牛時，刀刃在骨節空隙間移動，感覺空間還很充裕。比喻能力卓越，做事勝任愉快，從容不費力。

一廂情願：只考慮自己單方面的主觀意願，而不顧別人的想法或客觀情況。

沾沾自喜：自以為美好而得意滿足。

試判斷以下六字成語，把錯誤的字詞圈出來，在橫線寫上正確答案；正確的，在橫線加 ✓ 。

例：(名)人不做暗事　明

　　手無縛雞之力　✓

1. 不可同日而說　＿＿＿＿
2. 打腫臉充肥子　＿＿＿＿
3. 耳聞不如目睹　＿＿＿＿
4. 有過之無不及　＿＿＿＿
5. 恭請不如從命　＿＿＿＿
6. 不知天高地闊　＿＿＿＿
7. 化干戈為玉白　＿＿＿＿
8. 井水不犯河水　＿＿＿＿
9. 天機不可泄漏　＿＿＿＿
10. 老死不相交往　＿＿＿＿
11. 流言止於賢者　＿＿＿＿
12. 無所不用其極　＿＿＿＿

只要盒子不要珠

春秋戰國時期，楚國有一個賣珠寶的商人，他有一顆漂亮的珍珠，打算拿到鄭國賣。

楚人認為，只要把珍珠包裝得高貴一點，就能賣到好價錢。於是，他選取了香木，請工匠為珍珠量身訂做一個精緻的盒子，還請手藝精湛的雕刻師在盒子外面**精雕細琢**各種各樣的花紋。此外，他用名貴的香料把盒子薰得香氣撲鼻，再用翡翠等玉石作裝飾。盒子完成之後**光彩奪目**，芬芳撲鼻，真是**別具匠心**。楚人心中暗暗歡喜，**小心翼翼**地把珍珠放進盒子裏，他相信一定能吸引鄭國人來買。

楚人抵達鄭國之後，在一個市集出售珠寶。果然，很多人聚攏過來欣賞那個**巧奪天工**的盒

成語自學角

精雕細琢：精心細緻地雕刻琢磨。形容做事仔細用心。多指藝術品的創作。

光彩奪目：奪目，耀眼。形容色彩鮮明耀人眼目。

別具匠心：另有一種巧妙的心思。多指文學、藝術、技藝等方面創造性的構思。

小心翼翼：翼翼，嚴肅謹慎。本是嚴肅恭敬的意思，現形容謹慎小心，不敢疏忽。

巧奪天工：奪，勝過。人工的精巧勝過天然。形容技藝極其精巧。

子，人人**讚不絕口**。一個鄭國人對盒子**愛不釋手**，仔細端詳了大半天，終於出高價將它買下來。

鄭人拿着盒子離開後，走沒幾步又回來。楚人心裏**七上八下**，以為鄭人後悔了要退貨。沒想到他將盒子打開，把裏頭的珍珠取出來，交給楚人說：「先生，你將珍珠遺留在盒子裏了，我特地拿回來還你。」鄭人將珍珠交給楚人後，轉身離去，走的時候還低聲說：「這個盒子實在**無與倫比**！」

楚人拿着被退回的珍珠，站在那裏**哭笑不得**。他**始料不及**的是，原本希望別人買珍珠，

讚不絕口：讚美的話說個不停，形容對人或事物十分讚賞。

愛不釋手：釋，放開。喜歡到捨不得放手，形容非常喜愛。

七上八下：上下，忐忑。形容心情起伏不定、忐忑不安。

無與倫比：倫比，匹敵。比喻沒有能比得上的。

哭笑不得：哭也不是，笑也不是。形容既令人難受又令人發笑，表示處境尷尬。

始料不及：料，料想、估計。及，到。當初沒有料到。

沒想到給盒子**喧賓奪主**，令珍珠**無人問津**。這個楚人看來是擅長賣盒子，卻不擅長賣珍珠啊！

楚人想用華麗的盒子來提高珍珠的價值，但別人只買盒子不買珍珠；鄭人被木盒精緻的外形吸引，卻捨棄內裏的珍珠。這個故事就是成語「**買櫝還珠**」的典故由來，比喻人們做事**捨本逐末**，只重視形式而忽略內涵。

成語自學角

喧賓奪主： 客人的聲音比主人的還要大。比喻客人佔了主人的地位，或次要的、外來的事物，佔據了原來的、主要的事物的地位。

無人問津： 津，渡口。沒有人詢問渡口。比喻事物遭人冷落，無人探問。

買櫝還珠： 櫝，木盒。珠，珍珠。買了盒子，退還了珍珠。比喻沒有眼力，留下次要的，丟掉了主要的。

捨本逐末： 捨，捨棄。逐，追求。捨棄事物根本的、主要的部分，而去追求細枝末節，形容輕重倒置。

思考園地

買東西時，你較重視物件的外表還是實際功能？為甚麼？

試從這個故事所學的成語中，選擇最適當的填寫在橫線上。

1. 阿傑的球技真是 ____________，隨便一投，都能進籃得分。

2. 這幅壁畫 ____________，是集結了多位畫家，花了很長時間才完成的。

3. 相較於這家麵店熱鬧滾滾的生意，隔壁 ____________ 的便當店更冷清了。

4. 妹妹好心幫我倒了果汁，卻不小心打翻在我身上，令我 ____________。

5. 這篇文章的題目是「我的寵物」，你的編排卻 ____________，花太多筆墨描寫寵物的窩，讓人無法掌握重點。

6. 安安是個乖巧有禮又熱心的孩子，長輩一提起她就 ____________。

7. 姐姐 ____________ 地把一碗熱湯端到餐桌上來。

8. 記得第一次乘坐飛機時，我心裏 ____________，只希望能快點下機。

神奇的護手藥膏

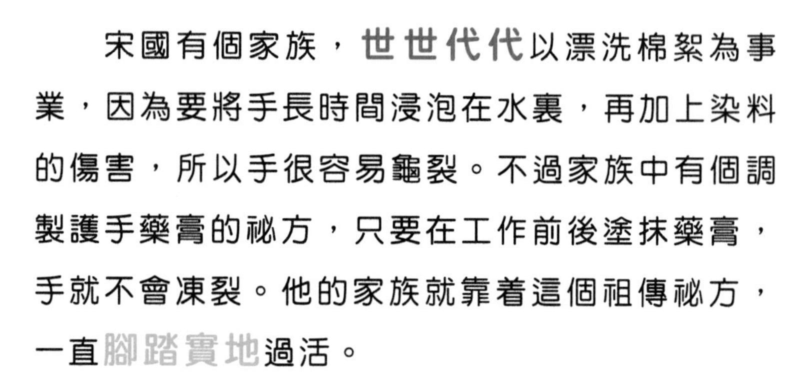

宋國有個家族，世世代代以漂洗棉絮為事業，因為要將手長時間浸泡在水裏，再加上染料的傷害，所以手很容易龜裂。不過家族中有個調製護手藥膏的祕方，只要在工作前後塗抹藥膏，手就不會凍裂。他的家族就靠着這個祖傳祕方，一直腳踏實地過活。

有位商人聽說護手藥膏妙不可言的功效，不遠千里而來，想以一百金買下藥方。這可是個大數目啊！到了晚上，整個家族的成員集合起來從長計議。聚會上沸沸揚揚，最後總算達成協議。他們認為：家族世代以漂洗棉絮為生，收入微薄。若出售藥方，就能立即獲取大筆金錢，何樂而不為？於是全體成員異口同聲要把藥方賣出去。

成語自學角

世世代代：累世、累代。

腳踏實地：腳踏在堅實的土地上。比喻做事踏實穩健。

妙不可言：奇妙得難以述說。

不遠千里：不以跋涉遠路為苦。形容來人的熱忱。

從長計議：慢慢的仔細商議。

沸沸揚揚：形容人聲雜亂，議論紛紛，如水沸騰一般。

商人得到祕方以後，立即快馬加鞭趕赴吳國。此時正值嚴冬，而吳、越兩國正進行水戰，吳國情況岌岌可危。

商人把藥方獻給吳王，說：「有了這個藥膏，將士在寒冬中打仗，再也不會因手凍裂而削弱作戰能力。」

吳王馬上讓將士抹上神奇的護手藥膏，效果立竿見影，握着武器的手不再因凍傷而疼痛，將士的士氣大振，銳不可當，因而反敗為勝。吳王大大獎賞獻藥的商人，賜給他一塊土地。

異口同聲：大家都說同樣的話。表示意見相同，或說法一致。

快馬加鞭：對已經跑很快的馬，再加以鞭策，使之跑得更快。比喻快上加快。

岌岌可危：岌岌，危險的樣子。形容非常危險。

立竿見影：把竿子豎立在陽光下，馬上可以看見竿影。形容迅速見到功效。

銳不可當：銳，銳氣。當，抵擋。氣勢威猛，不可抵擋。

反敗為勝：反轉敗勢，得到勝利。

同樣的護手藥膏，宋國人世代用來保養手，卻免不了漂洗棉絮的辛勞；商人拿來獻計，結果得到封地與獎賞；而吳國用來作戰，則可以戰勝敵國。同樣的事物，由於使用方法不同，其結果和收效**大相逕庭**。對待事物，要擅於探索、發掘它的最大價值，從神奇的護手藥膏**可見一斑**。

成語自學角

大相逕庭：形容兩者完全不一樣，相差很多。

可見一斑：一斑，一小部分。可以從事情的某一點推知其全貌。

有甚麼事物看似沒有作用，但只要善加利用，就有大大的作為？

試從這個故事所學的成語中，選擇最適當的填寫在橫線上。

1. 琦琦與安安雖然是雙胞胎，但是個性 ____________________，脾氣也不相同。

2. 這場班際四人接力賽中，我們班雖然落後，但在大家同心協力下，終於 ____________________。

3. 哨聲一響，大寶便以 ____________________ 的姿態跑完一百米，還破了全校最快紀錄呢！

4. 當老師規定忘記帶課本的同學要罰打掃課室後，效果 ____________________，再沒有人忘記帶書了。

5. 明天商店就要隆重開幕啦！所有工作人員 ____________________ 地趕工，將貨品上架，做最後的場地整理。

6. 為了看看可愛的小孫子，李奶奶 ____________________ 從鄉下來到大城市。

7. 這宗銀包失竊的事件，在校園裏傳了開來，鬧得 ____________________。

8. 她姐妹倆感情一定很好，從做甚麼事都要一起 ________________。

牛聽得懂的曲子

從前有個叫公明儀的人，他彈琴神乎其技，悅耳動聽。從他的琴聲聽得出泠泠的泉水、澎湃洶湧的大海、唧唧鳴叫的秋蟲、婉轉啁啾的鳥鳴聲。歡樂的曲調使人心花怒放，心神愉悅；哀悽的曲調使人悲從中來，心酸落淚。凡是聽過他彈琴的人，沒有人不如痴如醉的。

有一次，公明儀帶着琴來到一望無際的草原，他看到零星幾頭牛正悠哉地在不遠處吃草，不由得想：我的琴聲是眾人交口稱譽的，不知道牛是不是也這麼認為呢？

這麼一想，公明儀玩興大發，躍躍欲試。於是他挨近牛旁邊坐下，使出渾身解數，彈了

成語自學角

神乎其技：形容手法或技術十分高明巧妙。

心花怒放：怒放，盛開。形容心情像盛開的花朵一樣歡暢。

悲從中來：悲哀從內心發出。

如痴如醉：形容人陶醉其中，神態恍惚的樣子。

一望無際：放眼望去，不見邊際。形容非常寬廣、遼闊。

交口稱譽：交口，眾人同聲。眾人齊聲讚美。

躍躍欲試：躍躍，急於要行動的樣子。欲，要。形容心裏急切地想試一試。

一首曲子《清角》。琴聲果然優美動人，**餘音繞樑**，一曲彈畢，公明儀自己都很滿意。不過牛的反應卻讓他大感意外——牛兒一副**充耳不聞**的樣子，繼續吃草，完全沒反應。

他的琴聲得到如此冷淡的回應，真是**前所未有**！公明儀想起聽琴的是牛，猜想莫非是他選曲**不得要領**？於是他又彈了一首。這次的曲子很是**稀奇古怪**，音不成音，調不成調，聲音不優美流暢，倒像是一羣蚊蟲飛行時拍動翅膀發出的嗡嗡聲，偶爾還模擬落單小牛的悲鳴聲，摻雜在其中。

渾身解數：解數，武術的招式。指將全身所有的本領使出來。

餘音繞樑：歌聲停止後，聲音仍在屋樑間旋繞。比喻音樂美妙感人，令人回味。

充耳不聞：塞着耳朵，假裝沒聽見。形容故意不理會別人說的話或意見。

前所未有：以前所沒有過的。

不得要領：沒有掌握到事情的要點和關鍵。

稀奇古怪：少見而怪異。

結果如何呢？牛有反應了！那幾頭牛紛紛豎起了耳朵去傾聽琴聲，甩着尾巴，還會微微地移動步伐。牛總算聽懂了公明儀的琴聲，因為他彈出了牛熟悉又在意的聲音：那些圍繞在周圍的蚊蟲振翅聲，引發牛本能地甩着尾巴來趕小飛蟲；小牛落單時的悲啼聲，使得牛感到**侷促不安**。

這是因為牛聽不懂人聽的曲調，只聽得懂牠熟悉的聲音啊！後來這個故事被濃縮為成語「**對牛彈琴**」，用來比喻對聽不懂道理的人講道理，白白浪費脣舌。

成語自學角

侷促不安： 形容緊張恐懼，不知所措的樣子。

對牛彈琴： 比喻對愚蠢的人講高深的道理。現在有時也用來指說話做事不看對象。

你試過跟別人說道理對方卻不明白嗎？嘗試找出問題的原因及其他的處理方法。

試圈出形容歌聲悅耳的成語。

悲從中來	天崩地裂	如痴如醉	餘音繞樑
鴉雀無聲	對牛彈琴	聲色俱厲	聞雞起舞
耳聽八方	聞風而動	餘音裊裊	宛轉悠揚
天籟之音	不露聲色	金石絲竹	聲如洪鐘

吝嗇伯騎驢

有一個以吝嗇出名的老先生，一生積攢了很多錢，卻從來捨不得花用，要是用錯了一個錢，就會**心如刀割**。只有貸款這事業才稍稍讓他滿意，因為借錢給別人，既可以回收本金，又可以賺取利息。

吝嗇伯年紀越來越大，體力越來越不堪負荷，出去討債一趟，常常感到**精疲力竭**，骨頭要散了似的。可是吝嗇伯擔心別人會少收了錢，所以**事必躬親**，**風雨無阻**，從不**假手他人**。

兒子對他說：「父親，不如您買一頭驢，出遠門騎驢，就不會那麼累了。」

吝嗇伯起初**推三阻四**，後來還是把錢拿出來，但數來數去，每個錢都跟他**難分難捨**，於

成語自學角

心如刀割：內心痛苦像被刀割一樣。形容心痛到了極點。

精疲力竭：精神疲乏，力氣用盡。形容極為疲累。

事必躬親：凡事一定自己親自去做。

風雨無阻：颳風下雨也阻擋不住，照樣進行。指預定好的事，一定按期進行。也比喻決心堅定。

假手他人：假，借。假借他人的力量來完成某件事。

是買驢的事又**不了了之**。直到某次外出，吝嗇伯冒雨去收帳，趕了一夜的山路後大病一場，久久都不能去收債。這次慘痛教訓終於讓吝嗇伯下定決心，買了一頭驢回來。

誰知道，吝嗇伯**積習難改**，根本捨不得騎在驢背上。所以他總是牽着驢子出門，累到忍無可忍時才騎上去，但沒多久，又下來走路。**久而久之**，驢子漸漸變得**嬌生慣養**，只習慣跟在吝嗇伯後頭慢慢地走。

一天，吝嗇伯收完帳要回家。正午的太陽，火辣辣地把大地曬得熱氣蒸騰，吝嗇伯沒走幾步，就開始**頭昏眼暈**了，

推三阻四：用各種藉口來推託阻攔。形容做事態度不乾脆。

難分難捨：形容情意深厚，捨不得分開。

不了了之：事情沒有了結，卻擱在一旁任由它去。

積習難改：長期累積而形成的習慣難以改變。

久而久之：經過相當漫長的時間。

嬌生慣養：形容在寵愛縱容中成長，沒受過磨練。

頭昏眼暈：頭腦昏沉，視覺模糊。

只好騎到驢背上。沒想到這驢子走沒幾步就四肢發軟。吝嗇伯**一仍舊貫**地跳下驢背來走路，而且為了減輕驢子的負擔，連鞍都解下來自己提着。驢子**如釋重負**，非常高興地跑回家。而吝嗇伯怕驢子跑丟，死命地跟在後頭追。年紀老邁的吝嗇伯，頂着大太陽一路跑回家的後果是，全身虛脫得又生一場大病，足足躺了一個月才好。而他始終**耿耿於懷**，為甚麼已經買了驢子卻還是這麼累……

成語自學角

一仍舊貫： 一，完全。仍，沿襲。完全照舊例行事。

如釋重負： 好像放下了沉重的負擔。比喻責任已盡或壓力解除，身心暢快。

耿耿於懷： 耿耿，心中掛懷，煩躁不安的樣子。心裏有事牽絆，一直無法釋懷。

試從這個故事所學的成語中，選擇最適當的填寫在橫線上。

1. 自己的功課要自己完成，__________ 是無法得到進步的。

2. 遺失的錢包找回來後，我 __________ 地鬆了一口氣。

3. 原本大家約好一起去郊遊，卻因為排不出時間，最後 __________ __________。

4. 上一次的段考成績不理想，讓子軒一直 __________，所以他這次加倍努力，想要追回成績。

5. 期待已久的模型一買回來便被弟弟弄破，我感到 __________ __________。

6. 為了保持城市的環境整潔與衛生，清潔工人 __________ __________，每天到街道清理垃圾。

7. 他平常做事拖拖拉拉，已經 __________ 了，你拿他沒辦法的。

8. 他從小 __________，但一年來在外的獨立生活，已讓他成為一個堅強的人了。

誰說沒關係

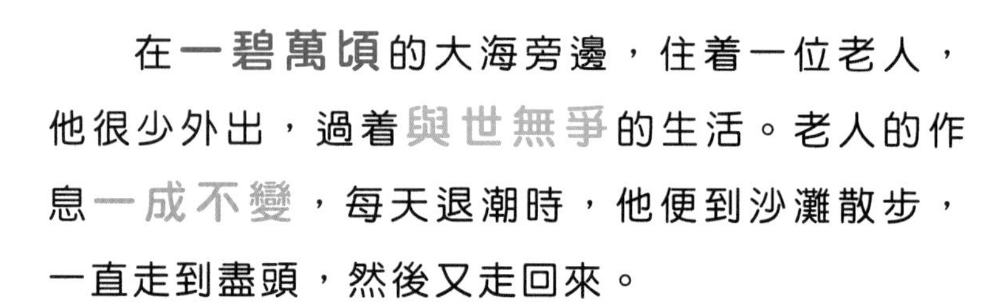

在一碧萬頃的大海旁邊，住着一位老人，他很少外出，過着與世無爭的生活。老人的作息一成不變，每天退潮時，他便到沙灘散步，一直走到盡頭，然後又走回來。

有位鄰居注意到，老人在散步的時候，偶爾會彎下身子，撿起一些東西，然後拋到大海。

「他在撿些甚麼東西呢？」這位好管閒事的鄰居好奇極了。他為了找出其中的原因，決定尾隨老人尋根究底。

某天，老人跟平常一樣，彎下腰從沙灘上撿起東西，丟到海裏。這次，跟在後面的鄰居將老

成語自學角

一碧萬頃：形容碧綠的天空或水面遼闊無際。

與世無爭：與世人毫無爭執。形容人淡泊平和的處世態度。

一成不變：本指刑罰一經執行，犯人受刑的事實，就無法改變。引申指事情既定之後，從不改變。

好管閒事：喜歡插手或過問不是自己的事。

尋根究底：詳究事物的底細。

人撿的東西看得清清楚楚，原來老人一直在撿的是海星。

每次退潮時就會有些海星擱淺在沙灘上，倘若沒有人把海星丟回海裏，那麼在下一次漲潮前，牠們就會因為無法自行回到海裏，而脫水死亡。

鄰居**冷嘲熱諷**說：「喂！老先生，你這樣不過是**勞而無功**。這海岸**綿延不絕**，少說也數百里，每天被沖到沙灘上的海星**不知凡幾**。反正牠們難免一死，就讓牠們靜靜地躺在沙灘上吧！」

老人聽見後，露出**難以置信**的表情，然後把手上的海星遞給鄰居看，嚴肅地說：「每個生命都彌足珍貴，雖然我能救

冷嘲熱諷：形容尖酸、刻薄的嘲笑和諷刺。

勞而無功：花費了精力，卻沒有成效或收穫。

綿延不絕：延續不斷。

不知凡幾：數目多到無法計算。

難以置信：很難令人相信。

的海星**微乎其微**，但也不能**視若無睹**、**袖手旁觀**。」說完，就把海星拋回海裏。

明知不可為而為之，或許會被人當作傻子，但若因為別人的眼光，或事情的成效不大，就對該做的事**畏首畏尾**，或者**畫地自限**，甚至棄之不顧，將來可能會萬分後悔。

成語自學角

微乎其微：形容非常少或非常細微。

視若無睹：看到了卻好像沒看到。比喻對事物毫不關心。

袖手旁觀：把手縮袖子裏，在一旁觀看。形容置身事外，不插手過問。

畏首畏尾：怕前怕後。指做事顧慮很多，恐懼的樣子。

畫地自限：形容自己設立界限，不求突破。

你有否嘗試過「明知不可為而為之」？你有後悔做了這件事嗎？為甚麼？

試從這個故事所學的成語中，選擇最適當的填寫在橫線上。

1. 這是一條 ________________ 的村莊，村民的生活簡樸而自在。
2. 走廊上有一個空的牛奶盒，每個人都 ________________ 地走過去。
3. 他們原本感情深厚，如今各奔東西，不再保持聯絡，實在令人 ________________。
4. 別 ________________ 了！還沒嘗試過的事情，你怎麼會知道自己做不到呢？
5. 做事要懂得變通，千萬不要 ________________。
6. 看到野狗打架走遠一點，別 ________________ 地想分開牠們。
7. 六合彩頭獎的機率是 ________________，一定要有超級好運氣才能中獎。
8. 舅父是一個出色的畫家，他參加過的繪畫比賽多不勝數，所獲得的獎項也 ________________。

毛皮大衣的啟示

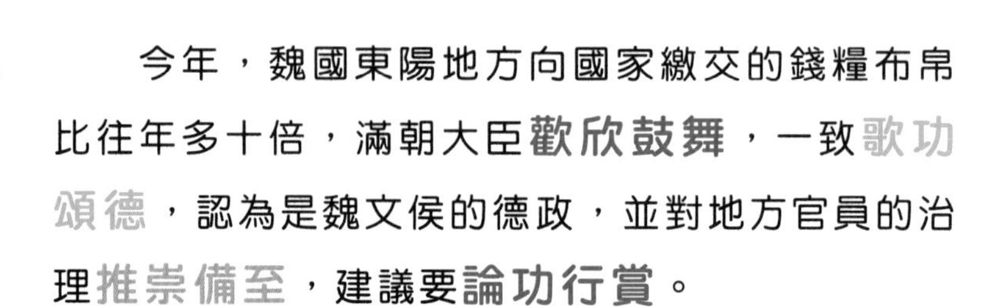

今年，魏國東陽地方向國家繳交的錢糧布帛比往年多十倍，滿朝大臣**歡欣鼓舞**，一致**歌功頌德**，認為是魏文侯的德政，並對地方官員的治理**推崇備至**，建議要**論功行賞**。

但魏文侯卻不這麼認為。他想：東陽這地方土地並沒有增加，人口也沒有多很多，怎麼能一下子比往年多交十倍的錢糧布帛呢？就算是豐收，向國家繳交稅額也是有一定的比例呀！他仔細思考了一會兒，認為**事出有因**，一定是各級官員**作威作福**，向底層的老百姓課徵重稅。這不由得讓他想起一件事……

一年前的某天，魏文侯微服出遊，在路上遇到一個人背着一簍要餵牲畜的草。那人的穿着引

成語自學角

歡欣鼓舞：形容非常歡樂、興奮的樣子。

歌功頌德：頌揚功績與恩德。

推崇備至：非常佩服、推舉。

論功行賞：依照功勞的大小，給予獎賞。

事出有因：事情的發生必有其原因，不會憑空產生。

作威作福：仗着權勢欺壓別人。

起魏文侯的注意：他將羊皮大衣反穿在身上，羊皮大衣的毛朝內，皮則朝外。

魏文侯感到很奇怪，便問那人：「你為甚麼要反穿羊皮衣，把皮板露在外面來背東西呢？」那人說：「我這件皮衣毛色很漂亮，我怕毛露在外邊，會被簍子磨壞。皮在外邊的話，磨到的就是皮了。」

魏文侯聽了，對那人說：「可是你知道嗎？其實皮板比毛更重要，因為皮板若磨破了，毛就沒有依附的地方，自然也會脫落。所以你捨皮保毛的做法其實是**本末倒置**的。」

那人**置之不理**，仍**我行我素**背着草簍走了。如今官吏了無分寸地**橫徵暴斂**，不就跟那個反穿皮衣的人**如出一轍**嗎？

本末倒置：事物的主次順序顛倒。比喻不知事情的輕重緩急。

置之不理：擱置在一旁，不予理會。

我行我素：原指堅守本分，做應該做的事。後指不受他人的看法，完全照自己的心意來行事。

橫徵暴斂：用蠻橫的手段，強行斂取財物，徵收稅捐。

如出一轍：轍，車輪壓過的痕跡。痕跡相彷，猶如由同一個車輪輾壓過去。比喻事物的情況或人的言行非常相似。

於是魏文侯召集大臣，告訴他們這件事，並語重心長地說：「如果老百姓過得不好，國君的地位也難以穩固，而國家就會分崩離析。所以諸位眼光要放得長遠，不要被眼前的蠅頭微利矇蔽，而看不出事物的實質。『皮之不存，毛將焉附？』請諸位奉為圭臬啊！」

成語自學角

語重心長：言辭真誠懇切，而用意深長。

分崩離析：形容國家或團體分裂、瓦解。

蠅頭微利：像蒼蠅的頭那樣微小的利益。形容利益很微薄。

奉為圭臬：圭臬，古代測日影時間的器具，引申為準則。把某事物或言行信奉為準則。

這個故事中，「皮之不存，毛焉將附」中的「皮」和「毛」分別比喻甚麼？

試以「本末倒置」為題，說說以下圖片內容。

國王的棋藝

有個國家是「棋國」，不論男女老少，都會下棋。身為棋國的國王自然下得一手好棋，他跟朝廷的大臣比賽，大臣**無出其右**。後來，他把全國厲害的棋手召進宮來，跟自己下棋，結果，這些棋手都輸了。

國王自以為**所向披靡**，**顧盼自雄**地說：「我的棋藝全國第一！」宰相在旁邊聽了，**口無遮攔**地笑出聲來。國王問宰相笑甚麼，宰相回答：「陛下的棋藝固然**高人一等**，但不知道您敢不敢走出王宮，跟民間的棋手一較高下？」

「這有甚麼不敢，他們一定也是我的手下敗將。侍衛……」國王想**打鐵趁熱**，馬上動身，卻被宰相勸住了。宰相說：「陛下，這樣出去未

成語自學角

無出其右：古代以右為尊。指某人才能出眾，沒有人能勝過。

所向披靡：風吹到的地方，草木立即伏倒。比喻所到之處，敵人紛紛潰敗逃散；或形容實力強大。

顧盼自雄：左看右看，自以為不凡。形容得意忘形的樣子。

口無遮攔：遮攔，阻擋。說話毫無顧忌。

高人一等：高過別人一個等級。形容比一般人優秀。

免太**招搖過市**，能不能先換成老百姓的裝扮再出去呢？」

「當然可以。」國王馬上換了老百姓的衣服出宮。國王來到一顆大樹下，見兩個老人正對弈得**興會淋漓**，好不容易等他們一局結束，就接上去與其中一個老人下起棋來。原本國王打算露一手的，沒想到一連三盤，老人都輕易地將國王打敗。國王不相信，又連下三盤，被殺得**片甲不留**。這時，老人要回家休息了，可國王卻**死纏活纏**不肯放人。正好，有一個小孩子路過此地，他願意接替老人跟這個陌生人對弈。結果國王又連輸三盤……

打鐵趁熱：打造鐵器時，需要加熱熔燒。比喻做事要把握好時機，趕緊進行。

招搖過市：招搖，舉止張揚，引人注目。故意在人多的地方誇耀自己，以引人注目。

興會淋漓：濃厚的興致得以盡情地被引發。

片甲不留：一片甲冑也沒有留下。形容慘敗，全軍覆沒。

死纏活纏：糾纏不休。

「我在王宮裏下棋未曾吃過敗仗；一走出王宮，卻連一個小孩子也下不過，這到底是甚麼原因呢？」國王**鎩羽而歸**，在回王宮的路上這樣問宰相。

宰相回答：「因為沒人知道國王為人是**豁達大度**，還是**鼠肚雞腸**，所以除非是吃了**熊心豹膽**的人，否則在國王面前，誰敢不**手下留情**呢？」

成語自學角

鎩羽而歸：鎩羽，指鳥受傷，翅膀脫落，不能高飛。因失意或受了挫折而垂頭喪氣地回來。

豁達大度：心胸開闊，度量廣大。

鼠肚雞腸：比喻人的心胸狹窄，度量小。

熊心豹膽：比喻膽子非常大。

手下留情：打鬥或懲處時顧及情面，出手時有所保留。

你曾否因為被人吹捧而沾沾自喜？過度稱讚有哪些弊端？

以下提供的成語都與動物有關，試選出適當的成語，填寫在橫線上。

成語			
雞犬不寧	鶴立雞羣	羊腸小道	熊心豹膽
虎頭蛇尾	緣木求魚	馬首是瞻	鼠肚雞腸

1. 那個男孩身高一百八十厘米，在人羣中顯得 ________________。

2. 小傑想要減肥，卻不做運動，還不斷吃油炸食物，想要減肥成功無疑是 ________________。

3. 那個小偷是吃了 ________________ 嗎？竟然敢在警察局偷竊！

4. 琳琳是一位出色的領袖，我們都以她 ________________，積極配合她的安排。

5. 每到夜深時分，就有一羣「飛車黨」在公路飆車，令附近居民 ________________。

6. 我不過向她借件雨衣穿而已，就嘀咕了老半天，真是個 ________________ 的人。

7. 這條 ________________ 彎彎曲曲，雜草叢生，十分難走。

8. 他做每件事都 ________________，誰敢將重任交付給他？

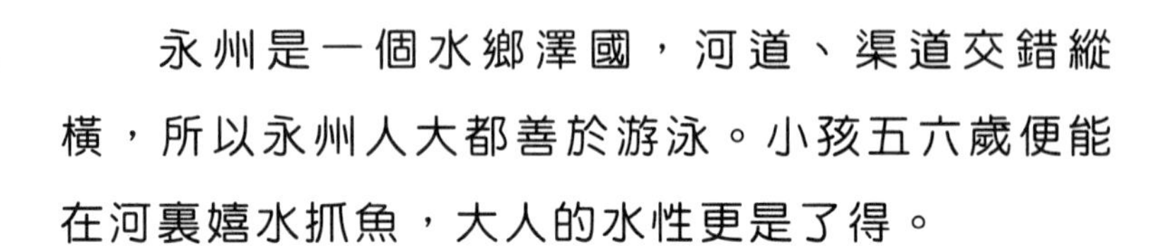

要錢還是要命？

永州是一個水鄉澤國，河道、渠道交錯縱橫，所以永州人大都善於游泳。小孩五六歲便能在河裏嬉水抓魚，大人的水性更是了得。

有一天，幾個永州人同乘一條小船過江去。一路上，大家**談笑風生**。船到江心，一個大浪打了過來，**年久失修**的小船**不堪一擊**，船尾破了一個大洞，江水一發不可收拾地灌了進來，小船眼看就要沉了。

船上的人見水流**來勢洶洶**，心知不妙，**急如星火**地跳下水，奮力地向岸邊游去。其中有一個帶着包袱的人拚命地划水，可是儘管他游得很賣力，卻還是游得特別慢。

成語自學角

談笑風生：談話間有說有笑，言辭風趣活潑。

年久失修：年代久遠，缺乏管理維修而損壞。

不堪一擊：堪，承受。禁不起任何打擊。比喻十分脆弱。

來勢洶洶：形容事物或動作到來的氣勢盛大。

急如星火：如流星的光那樣急速，形容情勢急迫。

九牛二虎之力：九頭牛與兩隻虎的力量。比喻極大的力量。

他的同伴覺得很奇怪，就問他說：「咦？你一向擅長游水，怎麼今天費了**九牛二虎之力**，卻還落在後頭呢？」

那人大力地喘着氣，回答說：「我跳下水之前把包袱裏的一千枚大錢取出來纏在腰上，特別沉重，所以游起來分外吃力。」

又過了一會兒，這個人漸漸**力不從心**，越游越慢，在水面上**載沉載浮**，**險象環生**，隨時都有溺水的可能。他的同伴**心急如焚**，提醒他：「都**火燒眉毛**了，錢財只是**身外之物**，再賺就有了，你快把錢解下來扔掉吧！」那人虛弱得說不出話來，還是搖了搖頭。

力不從心：心裏想做某件事，但力量卻不足以達成。

載沉載浮：載，且、又。又沉又浮。指在水中上下沉浮。也可以比喻成敗起伏不定。

險象環生：危險的狀況不斷地發生。形容非常危險。

心急如焚：心中十分着急，如火燒一樣。

火燒眉毛：火燒到眉毛了。形容情勢非常危急。

身外之物：身體以外的事物。指無足輕重的東西。

其他人都已經游到對岸，看着他乾急，人人**大聲疾呼**：「你真是**不識好歹**啊！」「命都保不住了，要錢有甚麼用？」「現在丟掉錢還來得及，快扔掉吧！快扔掉錢吧！」

儘管眾人百般勸說，那人還是**冥頑不靈**，怎麼也不肯把錢袋丟掉。最後他用盡力氣，和他的錢袋一起沉到了江底……

成語自學角

大聲疾呼：大聲而急促的呼喊，以引起他人注意。也引申為對某事大力提倡、號召。

不識好歹：不能分辨好壞。指人不明事理，不知是非輕重。

冥頑不靈：冥，愚昧不明事理。靈，通曉事理。頑固且愚昧，不可理喻。

試運用提供的詞語寫作短句。

1. 馬路 / 險象環生

____

____

____

2. 舊居 / 年久失修

____

____

____

晏子救馬夫

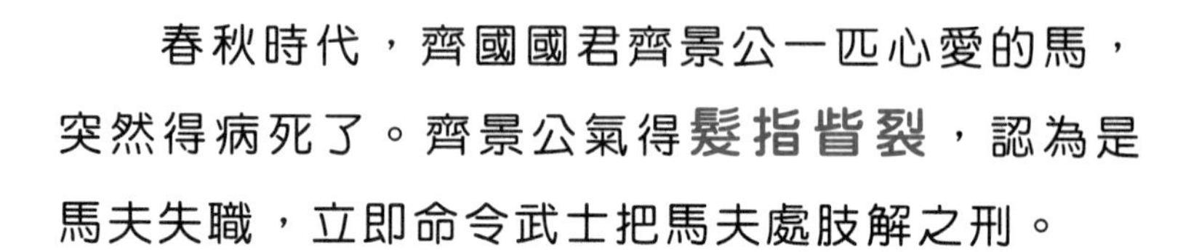

春秋時代，齊國國君齊景公一匹心愛的馬，突然得病死了。齊景公氣得**髮指眥裂**，認為是馬夫失職，立即命令武士把馬夫處肢解之刑。

晏子聽說後，認為齊景公處理不當，想要阻止他變成**暴虐無道**的國君。晏子上前問景公：「臣有個問題想向陛下請教。堯、舜對人處肢解之刑，不知最早從哪個罪人開始？」

齊景公被問得**張口結舌**。他想：堯、舜是**仁民愛物**的賢明君主，從未肢解過人，怎麼還問從哪個罪人開始呢？又一想，才猛然醒悟過來，這是晏子用堯、舜在勸諫自己，便很不高興地說：「我明白了，肢解人的**始作俑者**也不該是我。」於是改將馬夫押入大牢。

成語自學角

髮指眥裂：髮指，頭髮豎立。眥，眼眶。形容極為憤怒。

暴虐無道：所作所為兇狠殘暴，不依正道。多用於當政者。

張口結舌：張着嘴巴，說不出話來。形容因恐懼或者理屈而說不出話的樣子。

仁民愛物：仁，仁愛。對人親善，進而對生物愛護。舊指官吏仁愛賢能。

始作俑者：開始用俑殉葬的人。比喻第一個做某項壞事的人或惡劣風氣的創始人。

晏子**察言觀色**後，知道馬夫的災難還沒結束，又對景公說：「陛下，馬夫犯了死罪，關進監獄而後處死是**理所當然**的。不過與其讓他**不明所以**地死掉，不如讓他明白自己到底犯了哪些罪，再**名正言順**地把他殺掉，**以儆效尤**。」

聽到晏子這麼說，景公臉色稍微和緩了一點，於是晏子當眾數落馬夫的錯誤。

「你犯了三條大罪：第一條，國君叫你養馬，你竟然養死了，等於是你殺了馬，當判死刑。」晏子對馬夫說。

他接着又說：「第二條，你殺死的是國君最愛的馬，讓國君如此傷心，當判死刑。」馬夫嚇得骨軟筋酥。

「第三條，你讓國君為了一匹馬而殺人，全國百姓知道了，一定會埋怨國君，

察言觀色：觀察人的言語、神情，以推知對方的心意。

理所當然：按道理應該如此。

不明所以：不知甚麼原因，或不去了解辨明事情真象。

名正言順：名，名義。言，道理。名義正當，道理也講得通。泛指做事理由正當而充分。

以儆效尤：儆，警告。尤，過錯。指對某一壞人所做的壞事處以重刑，來嚇阻其他想要仿效做壞事的人。

令國力變弱；諸侯知道了，一定會輕視我國，不多時就會**兵臨城下**，讓我國被**蠶食鯨吞**。你使國家陷於**內憂外患**，所以**死有餘辜**，現在即刻交付給獄吏行刑吧！」

這哪裏是在列舉馬夫的罪狀呢？晏子分明是**指桑罵槐**，暗暗對國君曉以大義。景公聽了，連忙打斷晏子的話，說：「好了，我知道了，馬夫無罪，立即放了他吧！」

成語自學角

兵臨城下：敵兵已到城牆之下。指大軍壓境，已遭圍困，形勢相當危急。

蠶食鯨吞：像蠶吃桑葉般緩慢，或像鯨魚吞食物般猛烈。比喻用不同方式去侵佔併吞。

內憂外患：內憂，內部的憂患，多指國家內部不安定，同時又有外敵侵略。有時也比喻個人的情況。

死有餘辜：辜，罪。雖然處以死刑，也抵償不了罪過，形容罪惡深重。

指桑罵槐：指着桑樹罵槐樹，表面上罵這個人，實際上是罵那個人。比喻明指此而暗罵彼。

你認為晏子能成功勸說齊景公的原因是甚麼？

試從這個故事所學的成語中，選擇最適當的填寫在橫線上。

1. 他是一個極具野心的企業家，為了擴大商業版圖，他 ____________ ____________了不少小型企業。

2. 你太不會 ____________________ 了！沒看到花花的臉色變得很難看，還一直開她玩笑。

3. 投票結果統計後，大寶的得票數最多，____________________ 成為下任班長。

4. 為了遏止作弊的不良風氣，老師嚴厲地懲罰了這一次作弊的同學，____________________。

5. 姐姐數落着我的不是，其實是 __________________，暗罵弟弟自私。

6. 當他的詭計被大家揭發的一剎那，他 ____________________，表情僵硬如石頭。

7. 使用者付費，這是 ____________________ 的事。

8. 掀起上課傳紙條歪風的 ____________________，就是吳小琳。

幫大象量體重

三國時代，有人送了一隻大象給曹操，人人爭相一睹大象的**廬山真面目**。眾人看到這頭**龐然大物**後，均**嘖嘖稱奇**，曹操更是好奇牠到底有多重。

可是，要怎麼秤呢？當時沒有那麼大的秤呀！所有官員都在**冥思苦想**，認為這是**蒸沙成飯**的事。

這時，有個小孩從人羣站出來，眼睛**炯炯有神**，一副**十拿九穩**的樣子，說：「我有辦法！」眾官員一看，原來是曹操的兒子曹沖。大家心裏嘀咕着：大人都想不出辦法來，你區區一個**乳臭未乾**的小子能想出甚麼妙計？秤大象這事還是從長計議吧，免得**貽笑大方**！

曹沖說：「我秤給你們看，你們就明白了。

成語自學角

廬山真面目：比喻事物的真相或原本的面目。

龐然大物：非常巨大的東西。

嘖嘖稱奇：咂嘴作聲，表示讚歎、驚奇。

冥思苦想：動腦筋，竭力而反覆地思索。

蒸沙成飯：把沙子蒸成米飯。比喻不可能的事。

炯炯有神：炯炯，明亮的樣子。形容目光明亮而有精神。

首先，到河邊去，把大象牽到運送牠來的大船上。」所有人都對曹沖的舉止充滿好奇，跟着他和大象一起來到了河邊。

曹沖在現場**指揮若定**，與人們合力進行秤象的大工程。大象上了船後，船就往下沉了一些。曹沖首先拿着刀子對準水平面，在船側畫一道記號。然後，他又叫人把大象牽上岸來。大象離開了船，大船又浮了起來。大家都**茫然不解**：把大象牽來牽去，是在玩甚麼把戲呀？接着，曹沖請人挑石塊到大船上，船上的石塊一擔一擔地增加，大船又慢慢地往下沉。直到船下沉到先前曹沖畫的那記號時，曹沖大喊：「大功告成！」

十拿九穩：十次中有九次能成功。比喻很有把握。

乳臭未乾：嘴裏還有奶腥味。譏諷人年紀輕，沒有經驗與能力。

貽笑大方：貽笑，遺留笑柄。指被識見廣博或精通此道的內行人所譏笑。

指揮若定：發令調度時，有條不紊，好像早有規劃。

茫然不解：對事情無所知或不能理解。

這時大家才**恍然大悟**：船上的石塊跟大象是同等重量，船才會下沉到同一個記號。大象不能秤，但石塊可以一塊一塊秤，把石塊所有的重量加起來，不就是大象的重量了嗎？曹沖真是**足智多謀**啊！所有大人這下都對他**甘拜下風**了。

成語自學角

恍然大悟：猛然醒悟過來。

足智多謀：形容人聰慧多謀略。

甘拜下風：甘心居處於下位。表示對對方真心佩服，自認為不如對方。

你曾遇到困難，按照平常做法卻行不通嗎？試試轉換思維，說不定能找到方法呢。

試找出一個與以下山嶽河流或城市有關的成語，填寫在橫線上。

1. 廬山：____________________

2. 泰山：____________________

3. 黃河：____________________

4. 烏江：____________________

5. 上海：____________________

6. 四川：____________________

7. 蘇杭：____________________

孟嘗君求生存

田文是戰國四公子之一，他承襲父親田嬰的爵位，成為齊國的宗室大臣，即為歷史上有名的孟嘗君。

雖然孟嘗君最後繼承了家業，但他出生時是個被父親**如棄敝屣**的孩子。古人相信五月初五出生的孩子會為父母帶來災禍，而孟嘗君就在這天出生，所以他的父親田嬰不但沒有感到喜悅，反而**冷若冰霜**地說：「把他扔了。」

孟嘗君的母親只是田嬰的妾，**人微言輕**，無力抗爭，但身為母親，怎忍心丟棄親生骨肉？她**肝腸寸斷**，以淚洗臉！經過一番掙扎後，決定偷偷將孩子養大，賭上性命也**在所不惜**，並交代旁人要**守口如瓶**。

成語自學角

如棄敝屣：敝屣，破舊的鞋子。像丟掉破鞋一樣。比喻毫不珍惜、不在意。

冷若冰霜：形容態度冷淡或嚴肅，有如冰霜一般。

人微言輕：因為地位低微，所以言論主張不受重視。

肝腸寸斷：肝和腸斷成一寸一寸。形容傷心悲痛到了極點。

在所不惜：不在乎任何代價。

數年後，孟嘗君長大了。在一次盛大的家族聚會，孟嘗君的母親為使兒子獲得名分，冒着生命危險把他帶來了。聚會上，田嬰發現那個五月初五生的小孩竟被養大了，當場勃然變色，原本和藹的臉容突然變得兇神惡煞，對着孟嘗君的母親劈頭大罵，嚇得她臉色蒼白。

這時，孟嘗君向父親跪下，**單刀直入**地問：「為甚麼五月初五出生的孩子就要被扔掉呢？」

田嬰大吼：「五月初五出生的孩子長到門楣那麼高的時候，父母就會遭遇災禍！這是**其來有自**的！」

孟嘗君又問：「人的命運是受天還是受大門支配呢？」這一問把田嬰給問住了。孟嘗君接着說：「人的命運若是受天支配，我的出生就是天

守口如瓶：像瓶口一樣關得很緊密。比喻說話慎重，或者嚴守祕密。

勃然變色：形容人因發怒生氣而臉色大變。

兇神惡煞：兇惡的神。比喻非常兇惡的人，或形容非常兇惡。

單刀直入：一把刀直接朝目標刺入。比喻直接論及問題核心，不拐彎抹角。

其來有自：自，根源。事情的形成或發生，是有其原因的。

意，您又何必憂愁？人的命運若受大門支配，只要把門加高，不就得了？」

田嬰臉色很難看，但他暗想，這孩子年紀不大，話卻說得**入情入理**，相當聰明。田嬰心裏**回嗔作喜**，也就**回心轉意**，不殺孟嘗君了。

孟嘗君的妙言為自己求得了**一線生機**，而他往後的優秀表現更為他贏得了父親的肯定，最後繼承了父親的地位。

成語自學角

入情入理：切合人情道理。

回嗔作喜：嗔，生氣。由生氣轉為欣喜。

回心轉意：改變原來的心意或主張。

一線生機：細如一條線的生存機會。比喻生存機會很小。

思考園地

孟嘗君據理力爭的性格，對你有甚麼啟發？

試從這個故事所學的成語中，選擇最適當的填寫在橫線上。

1. 這建議還是由德高望重的謝伯伯來提吧！我 ＿＿＿＿＿＿＿＿，不會起甚麼效用的。

2. 當他發現是鄰居的狗叼走他的鞋子時，當場 ＿＿＿＿＿＿＿＿，找鄰居理論。

3. 這個富翁 ＿＿＿＿＿＿＿＿ 的東西，都是老百姓要花好幾年積蓄才買得起的。

4. 我跟你說一個祕密，你一定要 ＿＿＿＿＿＿＿＿ 啊！

5. 我就 ＿＿＿＿＿＿＿＿ 地問吧！你到底對我有甚麼不滿，要這樣處處針對我？

6. 即使只有 ＿＿＿＿＿＿＿＿，救難隊還是不願放棄任何可以挽救受困者的機會。

7. 你是用甚麼方法說服他，讓他 ＿＿＿＿＿＿＿＿，決定跟我們一起去看電影的？

8. 向來 ＿＿＿＿＿＿＿＿ 的順伯，聽到孫子甜甜地喊他爺爺，竟露出了難得的笑容。

會抓賊的大鐘

浦城縣發生了一宗**驚天動地**的盜竊案。

縣官根據案子的**蛛絲馬跡**，逮捕了好幾個嫌疑犯。可是他們矢口否認，個個大喊冤枉。審問陷入僵局，縣官決定隔天再審，勢要將犯人**繩之以法**。

第二天，縣官對嫌疑犯說：「衙門後面有一口鐘，幾百年來聆聽官府審案，有了靈性，能分辨出誰是盜賊。**違法亂紀**的小偷到底是誰，待會就能查個**水落石出**了。」

衙役將嫌疑犯帶到後院，那裏有一個帷帳把鐘整個圍起來。縣官下令說：「待會兒你們要用黑布矇住眼睛，然後輪流進去帷帳裏，伸手摸一下大鐘。大鐘將有所感應，清白的人摸到這口鐘時，會悄然無聲；犯罪的人摸到這口鐘時，鐘會

成語自學角

驚天動地：使天地都受到驚動。形容某事聲勢浩大。

蛛絲馬跡：蛛網的細絲與馬蹄的痕跡。比喻可供尋查推求的細微線索。

繩之以法：本意為以法律作為約束的力量。後指依據法律來制裁罪犯。

違法亂紀：違反法令，擾亂綱紀。

水落石出：水位下降，水底的石頭會顯露出來。比喻真相完全顯現出來。

發出洪亮的聲響，到時小偷就會**原形畢露**。」

縣官先在大鐘前祭祀祝禱一番，然後叫嫌疑犯一個一個進去帷帳裏摸鐘。所有人都摸完了，卻沒聽到鐘發出半點聲響。難道犯人不在這些人當中？

縣官要大家**少安毋躁**，然後命令嫌疑犯把手伸出來。當嫌疑犯把手伸出來攤在縣官面前時，才發現自己手掌上都沾上了黑色的墨汁——除了一個人外。

這時，縣官**聲色俱厲**地喝道：「將這人拿下！」

原來縣官事先叫人在鐘上塗了濃濃的墨汁，然後再用帷幕罩起來。沒偷東西的人內心**光明磊落**，不怕摸鐘會發出聲響；而偷了東西的人**作賊心虛**，怕鐘會發

原形畢露：畢，完全。原來的形貌完全地暴露出來。

少安毋躁：少，暫時。安，徐緩。毋，不要。躁，急躁。暫時安心等一會兒，不要急躁。

聲色俱厲：說話的聲音和臉色都很嚴厲。

光明磊落：磊落，胸懷坦蕩，心地光明。形容胸懷坦蕩，清白無私。

作賊心虛：做壞事的人因怕被察覺而內心不安。

出聲響，所以乾脆不摸它，免得暴露自己的罪行。結果**紙包不住火**，越想隱瞞越是讓自己**不打自招**啊！

眾目睽睽之下，犯人知道自己**百口莫辯**，只好乖乖**束手就擒**。

成語自學角

紙包不住火：可燃的紙無法包住火。比喻醜陋的事終會被揭露，無法隱藏下去。

不打自招：不動用刑罰，自己就招認罪狀。也比喻無意間暴露自己的短處。

百口莫辯：即使有一百張嘴也難以辯解。形容不管怎麼辯解也說不清楚。

束手就擒：束手，綁住雙手，比喻不作抵抗。沒抵抗就讓人捆綁捉拿。

做錯事後，與其心虛緊張，你認為更應該怎樣做？為甚麼？

試就以下情境，運用在這個故事所學的成語，說出一個完整的故事。

最近出現了一名珠寶大盜，最終警方憑着蛛絲馬跡將賊人繩之以法。事情是這樣的……

最好的裁縫

一條熙來攘往的街道上開了三家裁縫店，裁縫師傅的手藝都不錯。可是，因為三家店相隔不過一箭之地，生意競爭非常激烈。為了搶生意，他們挖空心思想辦法招徠顧客。

第一個裁縫在他的店門前掛出一塊招牌，上面寫着這樣一句話：全城最好的裁縫！

另一個裁縫看到這塊招牌，不甘示弱，馬上也寫了一塊，第二天掛了出來，上面寫的是：全國首屈一指的裁縫！

第三個裁縫剛好外出，所以還沒趕赴這場如火如荼的廣告戰。他的妻子眼看兩位同行相繼掛

成語自學角

熙來攘往：熙、攘，喧鬧、紛亂的樣子。形容行人往來眾多，非常熱鬧的樣子。

一箭之地：射出一枝箭所能到達的距離。比喻距離不遠。

挖空心思：形容費盡心思、心機。

不甘示弱：不情願表現得比別人差。

首屈一指：彎下手指計數時，首先會先彎下大拇指。表示第一或最優秀的。

如火如荼：荼，茅草的白花。像火那樣紅，像荼那麼白。原比喻軍容之盛。現用來形容大規模的行動氣勢旺盛，氣氛熱烈。

出了口氣這麼大的廣告招牌，搶走了生意，正煩惱着該用甚麼樣的廣告才能**力挽狂瀾**。她心想：一個說「全城最好」，另一個說「全國最好」，都這麼無與倫比了，我們難道要說是世界最好的裁縫？但說到**名滿天下**這種程度來，也未免言過其實了。

幾天後，第三個裁縫回家了。聽完老婆訴說苦惱，他**安之若素**，微笑說：「別擔心，他們在為我們做廣告呢！」

不久，第三個裁縫也掛出了自己的招牌。果然，這招牌讓他們店在這場廣告戰中**脫穎而出**，從此生意興隆，**近悅遠來**。

力挽狂瀾：挽，挽回。狂瀾，巨大的波浪。比喻努力要挽回險惡的局勢。

名滿天下：聲名傳播到天下。形容聲名傳播很廣，很有名。

安之若素：素，平常。面對反常或危困的情況，仍安然處之，就像平日無事一樣。

脫穎而出：穎，錐子。錐尖穿透布囊顯露出來。比喻有才能者的才能終能顯露出來。

近悅遠來：近處的人因受惠而愉悅，遠處的人也紛紛來歸附。原來比喻施政者的德政，如今也形容在商場上遠近馳名而顧客眾多。

招牌上寫了甚麼呢？這個裁縫的口氣與前兩者相比，根本就是**小巫見大巫**，卻分量十足——「本街最好的裁縫！」

「本街」最好，那當然就是這三家中最好的。「本街」跟「全城」、「全國」相比，意思上**微不足道**，但透過語言的巧思，這小小的「本街」就**輕描淡寫**地勝過大大的「全城」乃至「全國」。

成語自學角

小巫見大巫：小巫師見到大巫師，法術就無法施展。比喻相較之下，相差太多。

微不足道：事情細微到不值得一提。

輕描淡寫：繪畫時用淡淡的顏色輕輕描繪。形容說話或描寫簡單帶過。也可形容做事避開要點或毫不費力。

為甚麼「本街」二字比起「全城」和「全國」，能帶來更大的廣告效應？如果你是其中一個裁縫，你能想到其他廣告標語嗎？

以下廣告標語用了雙關成語，引號中的正確字詞是甚麼？把答案寫在橫線上。

1.（藥品廣告） 「咳」不容緩 ____________

2.（服裝廣告） 「衣衣」不捨 ____________

3.（眼鏡廣告） 一「明」驚人 ____________

4.（熨斗廣告） 百「衣」百順 ____________

5.（蚊香廣告） 默默無「蚊」 ____________

6.（帽子廣告） 以「帽」取人 ____________

7.（衞浴用品廣告） 隨心所「浴」 ____________

智擒魚鷹

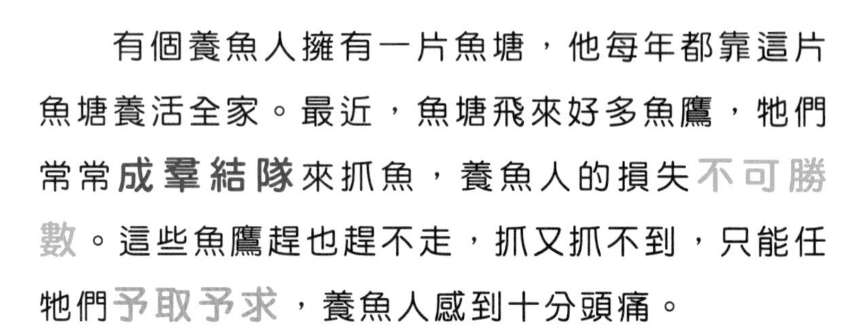

有個養魚人擁有一片魚塘，他每年都靠這片魚塘養活全家。最近，魚塘飛來好多魚鷹，牠們常常**成羣結隊**來抓魚，養魚人的損失**不可勝數**。這些魚鷹趕也趕不走，抓又抓不到，只能任牠們**予取予求**，養魚人感到十分頭痛。

有一天，魚鷹又來吃魚，養魚人氣沖沖地揮手驅趕，魚鷹受了驚嚇便飛走了。養魚人靈光一閃便紮了一個草人，讓它穿上蓑衣，戴上斗笠，裝扮得像個養魚人。

起初養魚人把草人插在魚塘中，魚鷹**信以為真**，所以只在上空盤旋，不敢接近。幾天來魚塘**風平浪靜**，漸漸地，魚鷹發現魚塘裏的「人」動

成語自學角

成羣結隊：一羣羣、一隊隊地聚在一起。

不可勝數：非常多，多到數不完。

予取予求：從我這裏取用，從我這裏索求。比喻任意索取，毫無節制。

信以為真：相信是真的。

風平浪靜：無風無浪。比喻平靜無事或情勢穩定。

也不動，覺得很可疑，於是一次次靠近它。終於牠們發現這只是個草人，就壯着膽子飛下去抓魚了。

幾天沒好好吃一頓，魚鷹一尾吃過一尾，**欲罷不能**。吃飽了，魚鷹還**得寸進尺**地站在草人的斗笠和手上，曬着暖乎乎的太陽，**旁若無人**地梳理着羽毛，還發出「假假假」的叫聲，好像在嘲笑養魚人說：「假假假，這人是假的！」

這情景看在養魚人眼裏，根本就是**火上加油**！他**咬牙切齒**地看着那羣得意洋洋的魚鷹，忽然心生一計。他趁着魚鷹飛離魚塘的時候把草人移走，自己裝扮成草人的姿勢，張開手臂站在魚塘裏，然後靜靜地等待。一會兒，魚鷹又來了，牠們不疑有他，

欲罷不能： 罷，停止。想要停止，卻無法做到。

得寸進尺： 得了一些利益後，進而想獲得更多的利益。比喻人很貪心、不知足。

旁若無人： 說話或行動沒有顧忌，好像旁邊沒有人一樣。形容態度從容自若，或者高傲自大。

火上加油： 在火上加油，會使火燃燒得更旺盛。比喻使事情更加惡化，或使人更憤怒。

咬牙切齒： 切，咬緊。因憤怒而咬緊牙關。形容非常憤怒的樣子。

照樣**大模大樣**地吃着魚，照樣**膽大包天**地停在「草人」的斗笠上，照樣「假假假」地叫着。

養魚人見**有機可乘**，便以**迅雷不及掩耳**的速度，伸手抓住了其中一隻魚鷹的腳。魚鷹嚇得振翅想逃，但已經來不及了。

養魚人笑呵呵地說：「假假真真，真真假假，看你以後還敢不敢大意！」

成語自學角

大模大樣：形容態度傲慢；也可以形容態度大方，不拘謹。

膽大包天：膽子大到能把天包下。形容膽量極大，任意橫行。

有機可乘：有機會可以利用。

迅雷不及掩耳：突然響起的雷聲，令人來不及將耳朵掩住。比喻行動迅速，令人防備不及。

像魚鷹那樣做事一成不變，會有甚麼後果？

試從這個故事所學的成語中，選擇最適當的填寫在橫線上。

1. 我已經幫你打掃房間，你竟然還叫我做功課，別 ______________________ 了。

2. 這本小說實在太好看了，我一回接一回往下看，簡直是 ______________________！

3. 表弟仗着爺爺疼他，總是對爺爺 ______________________，真是不應該！

4. 為了我考零分的事，媽媽都在氣頭上了，弟弟卻還 ______________________，跟媽媽告狀說我每天偷玩電子遊戲。

5. 每當天氣開始轉涼，候鳥就會 ______________________ 飛往南方過冬。

6. 李先生是一個博學多聞的學者，家裏的藏書 ______________________，種類豐富。

7. 一提到小虎，我就 ______________________，因為他實在欺人太甚。

8. 搶匪以 ______________________ 的速度搶走路人的背包，那路人好一會兒才回過神來大叫。

成語練功房參考答案

你會是哪一個？

一 一目了然
二 一掃而空
三 背水一戰
1 一了百了
2 一蹴而就
3 一頭霧水

瞎子的祕方

1. 為了成為出色的舞蹈家，即使練習再辛苦，她也甘之如飴。
2. 這個電影結局實在太悲慘了，不少觀眾都難過得泣不成聲。
3. 春去秋來，我已是畢業在即的六年級生了。
4. 眼看模型就快砌好，卻偏偏被我折斷了一個部件，一切都前功盡棄。

樵夫的寶物

一 初生之犢不畏虎
1 置之死地而後生
2 不敢越雷池一步
3 放之四海而皆準

神射手的基本功

1. 碩大無朋　2. 一諾千金
3. 虎頭蛇尾　4. 目不轉睛
5. 不偏不倚　6. 登峯造極
7. 小巧玲瓏　8. 苦不堪言

一枚銅錢的貪污罪

1. 小題大作　2. 鬼鬼祟祟
3. 不動聲色　4. 利慾熏心
5. 一念之差　6. 欣喜若狂
7. 平白無故　8. 裝模作樣

一堆木柴

(1) 慈眉善目
(2) 古道熱腸
(3) 天寒地凍
(4) 顛沛流離

救人就要救到底

1. 出爾反爾　2. 始終如一
3. 面有難色　4. 化險為夷
5. 志同道合　6. 愛莫能助
7. 趁火打劫　8. 伯仲之間

手捧空花盆的孩子

1. 各式各樣的煙花在空中綻放，有的像花朵，有的像愛心，有的像水點，令人應接不暇。
2. 極目眺望，天空遼闊無邊，飄浮着一片片雲朵，羣山環繞着碧波蕩漾的湖水，山光水色互相輝映，令人應接不暇。
3. 每逢假日，不少遊客從市區乘車到郊外遠足散心，讓司機應接不暇。

牛糞與佛像

1. 意氣相投　2. 一語中的
3. 莫逆之交　4. 過從甚密
5. 愚不可及　6. 比手畫腳
7. 不過爾爾　8. 應對如流

女兒的救命恩人

去年，我終於得到夢寐以求的第一隻寵物 —— 小貓咪安安。由於牠是一隻很安靜的貓，所以我給牠改名為安安。有次我和爸媽到郊外遊玩，我們沿着一條小徑前往車站時，忽然聽到一陣陣微弱的喵喵聲。一隻小貓咪從草叢裏踉踉蹌蹌地走出來，牠一身啡色毛髮，背上、腳上和尾巴都有深色的斑紋，渾圓的眼睛露出楚楚可憐的模樣，像在向途人發出求助信息。看着這隻幼小無助的貓咪，我於心不忍，想把牠帶回家，可是爸媽卻不允許。我無奈地繼續前行，可是小貓咪一直跟上來，沿途不斷發出哀號。沒想到，媽媽忽然停下來，說要把小貓咪帶走，那一刻真的讓我喜出望外！此後小貓咪安安便成為我們家庭的一分子。(答案僅供參考)

多嘴的女人

1. 朝、暮　2. 來、往
3. 今、昔　4. 無、有
5. 進、退　6. 先、後
7. 大、小　8. 天、地

泥偶與木偶

1. 幸災樂禍　2. 危言聳聽
3. 面目全非　4. 活靈活現
5. 毋庸置疑　6. 不寒而慄
7. 大雨傾盆　8. 不以為意

和尚挑水

1. 容光煥發　2. 席不暇暖
3. 憂心如焚　4. 有朝一日
5. 年深日久　6. 安然無恙
7. 事在人為　8. 牽腸掛肚

一個牽一個

1. 責無旁貸　2. 清心寡慾
3. 口腹之慾　4. 分文不取
5. 強人所難　6. 凡夫俗子
7. 慾壑難填

整修寺廟競賽

1. 拭目以待　2. 油然而生
3. 肅然起敬　4. 一塵不染
5. 各有千秋　6. 美不勝收
7. 難以言喻　8. 畫蛇添足
9. 枝葉扶疏

宣王的弓

1. 不可同日而(說)　語
2. 打腫臉充(肥)子　胖
3. 耳聞不如目(睹)　見
4. ✓
5. 恭(請)不如從命　敬
6. 不知天高地(闊)　厚
7. 化干戈為玉(白)　帛
8. ✓
9. ✓
10. 老死不相(交往)　往來
11. 流言止於(賢)者　智
12. ✓

只要盒子不要珠

1. 無與倫比
2. 別具匠心
3. 無人問津
4. 哭笑不得
5. 捨本逐末
6. 讚不絕口
7. 小心翼翼
8. 七上八下

神奇的護手藥膏

1. 大相逕庭
2. 反敗為勝
3. 銳不可當
4. 立竿見影
5. 快馬加鞭
6. 不遠千里
7. 沸沸揚揚
8. 可見一斑

牛聽得懂的曲子

如痴如醉、餘音繞樑、餘音裊裊、宛轉悠揚、天籟之音

吝嗇伯騎驢

1. 假手他人
2. 如釋重負
3. 不了了之
4. 耿耿於懷
5. 心如刀割
6. 風雨無阻
7. 積習難改
8. 嬌生慣養

誰說沒關係

1. 與世無爭
2. 視若無睹
3. 難以置信
4. 畫地自限
5. 一成不變
6. 好管閒事
7. 微乎其微
8. 不知凡幾

毛皮大衣的啟示

工作賺錢是為了有飯吃，如今不少人為了賺錢而沒空吃飯，這不是本末倒置嗎？不管再忙也要抽點時間出來，好好吃飯，好好休息，不要讓自己長期處於壓力之中，影響身體健康。(答案僅供參考)

國王的棋藝

1. 鶴立雞羣
2. 緣木求魚
3. 熊心豹膽
4. 馬首是瞻
5. 雞犬不寧
6. 鼠肚雞腸
7. 羊腸小道
8. 虎頭蛇尾

要錢還是要命？

1. 一名老婦不依交通燈號，在馬路與汽車之間穿梭橫行，真是險象環生！
2. 多年後重回舊居，由於年久失修，天花和牆身均已出現裂痕，油漆逐漸剝落、發霉，家具也都殘破不堪。

晏子救馬夫
1. 蠶食鯨吞
2. 察言觀色
3. 名正言順
4. 以儆效尤
5. 指桑罵槐
6. 張口結舌
7. 理所當然
8. 始作俑者

幫大象量體重
1. 廬山真面目
2. 有眼不識泰山
3. 不到黃河心不死
4. 不到烏江不盡頭
5. 十里洋場
6. 天府之國
7. 上有天堂，下有蘇坑

孟嘗君求生存
1. 人微言輕
2. 勃然變色
3. 如棄敝屣
4. 守口如瓶
5. 單刀直入
6. 一線生機
7. 回心轉意
8. 冷若冰霜

會抓賊的大鐘
一名男賊人走進珠寶店，盜取了價值數千萬元的珠寶飾物。警方翻查附近的閉路電視後，很快拘捕可疑人物。雖然該名疑犯矢口否認，但因為作賊心虛而前言不對後語；加上警方通過追蹤疑犯的行蹤，在鄉村一間荒廢的屋子裏找回失蹤贓物，令賊人百口莫辯。所謂「紙包不住火」，違法亂紀的行為，最終都會水落石出，行事為人要光明磊落，才能坦蕩蕩地生活。(答案僅供參考)

最好的裁縫
1. 刻
2. 依依
3. 嗚
4. 依
5. 聞
6. 貌
7. 欲

智擒魚鷹
1. 得寸進尺
2. 欲罷不能
3. 予取予求
4. 火上加油
5. 成羣結隊
6. 不可勝數
7. 咬牙切齒
8. 迅雷不及掩耳

成語分類

分類	成語
待人處事	【盡力】殫精竭慮、全力以赴、力挽狂瀾、挖空心思 【認真盡責】從長計議、事必躬親、腳踏實地、責無旁貸、心無旁鶩 【堅毅】磨杵成針、持之以恆、堅持不懈、風雨無阻 【公正嚴明】光明磊落、兩袖清風、分文不取、不偏不倚、嚴於律己 【呆板／固執】千篇一律、一仍舊貫、一成不變、畫地自限、冥頑不靈、死纏活纏 【信用】約法三章、一諾千金、始終如一、守口如瓶、出爾反爾 【仁義】古道熱腸、仁民愛物、義不容辭 【不關心】不聞不問、充耳不聞、視若無睹、袖手旁觀、置之不理 【不在意】滿不在乎、不以為意、輕描淡寫、在所不惜 【做壞事】違法亂紀、作威作福、趁火打劫、始作俑者 【製造事端】小題大作、強人所難、無事生非、好管閒事 【錯誤】將錯就錯、大謬不然、張冠李戴、一念之差、對牛彈琴 【迎合別人】阿諛奉承、投其所好、曲意逢迎、隨波逐流、歌功頌德 【狠毒無情】暴虐無道、趕盡殺絕、冷若冰霜 【奮進】勇往直前、壯志凌雲、事在人為 【自滿】旁若無人、我行我素 【草率】得過且過、虎頭蛇尾 【推卻】假手他人、推三阻四 【膽量】熊心豹膽、膽大包天、畏首畏尾 【氣度】豁達大度、手下留情、鼠肚雞腸 【懶惰】遊手好閒【自作聰明】畫蛇添足
事態情況	【情感交誼】志同道合、意氣相投、莫逆之交、過從甚密、難分難捨、相濡以沫、相安無事、設身處地 【名聲】名揚四海、赫赫有名、名滿天下、近悅遠來 【主次倒置】喧賓奪主、買櫝還珠、捨本逐末、本末倒置 【順利】一帆風順、無往不利、馬到成功 【不順利】前功盡棄、徒勞無功、勞而無功、差強人意 【發展】難以為繼、後繼無人、一波未平，一波又起、始料不及、一發不可收拾、銳不可當 【轉機】絕處逢生、化險為夷、反敗為勝、一線生機、有機可乘、以退為進 【改變】脫胎換骨、面目全非、回心轉意、積習難改

分類	成語
事態情況	【比較】一決雌雄、不甘示弱、伯仲之間、各有千秋、不分軒輊、相形之下、小巫見大巫、大相逕庭 【難／易】蒸沙成飯／輕而易舉、如運諸掌、遊刃有餘、十拿九穩 【忙碌】席不暇暖、奔波勞碌、分身乏術、不見天日 【一致】不約而同、異口同聲、如出一轍 【危急】非同兒戲、人命關天、岌岌可危、險象環生、火燒眉毛 【挫折】飽經風霜、山窮水盡、一蹶不振、載沉載浮、無人問津 【真假】子虛烏有、憑空捏造、故弄玄虛、信以為真、不折不扣 【人羣】沸沸揚揚、熙來攘往、成羣結隊、接踵而至 【戰爭】兵臨城下、蠶食鯨吞、指揮若定、鎩羽而歸、所向披靡、片甲不留 【賞罰懲惡】論功行賞、以儆效尤、死有餘辜、繩之以法、束手就擒、不打自招 【明顯程度】立竿見影、一目了然、可見一斑、廬山真面目 【合理／正當】入情入理、毋庸置疑、理所當然、名正言順 【弄清來龍去脈】尋根究底、蛛絲馬跡、原形畢露、水落石出，紙包不住火、事出有因、其來有自、平白無故 【治國無道】橫徵暴斂、民脂民膏、禍國殃民、分崩離析、內憂外患 【力量大】九牛二虎之力、孔武有力 【軟弱】嬌生慣養、手無縛雞之力、不堪一擊 【小事】雞毛蒜皮、微不足道 【消失】一掃而空、無影無蹤 【災禍】付之一炬、無妄之災 【出醜】丟人現眼、貽笑大方 【次數】三番五次、不知凡幾 【聲勢】驚天動地、如火如荼 【準則】奉為圭臬【極限】無以復加【微利】蠅頭微利
心情感覺	【疑惑】不明所以、一頭霧水、大惑不解、如坐雲霧、茫然不解、滿腹狐疑、不得要領 【開心】欣喜若狂、喜出望外、沾沾自喜、心花怒放、歡欣鼓舞、回嗔作喜、心潮澎湃、甘之如飴、如痴如醉 【憂慮／不安】憂心如焚、七上八下、耿耿於懷、侷促不安、坐卧不安、作賊心虛、不寒而慄 【醒悟】醍醐灌頂、心領神會、恍然大悟

分類	成語
心情感覺	【鎮定 / 安心】少安毋躁、安之若素、心安理得、如釋重負 【悲苦】苦不堪言、度日如年、肝腸寸斷、心如刀割、悲從中來、牽腸掛肚 【情緒複雜】百感交集、難以言喻、哭笑不得 【期望】一廂情願、夢寐以求 【敬佩】肅然起敬、甘拜下風 【着急】心急如焚、躍躍欲試、急如星火 【震驚】難以置信【慚愧】自愧弗如【感動】動人心弦 【興致濃厚】興會淋漓【產生某種思想感情】油然而生
外貌神態	【憂愁】愁眉不展、沒精打采 【愉悅】笑逐顏開、容光煥發、炯炯有神、悠然自得 【憤怒】髮指眥裂、火上加油、咬牙切齒、勃然變色、忍無可忍 【兇惡】兇神惡煞、聲色俱厲 【自高自大】顧盼自雄、大模大樣、老氣橫秋 【慈祥】慈眉善目【率真】天真爛漫【恐懼】張口結舌
舉止動作	【快速】步履如飛、快馬加鞭、迅雷不及掩耳 【思考】耐人尋味、冥思苦想、若有所思 【注視】目不轉睛、目不斜視 【不光明】睥睨窺覦、鬼鬼祟祟 【做作】裝模作樣、招搖過市 【觀察】作壁上觀、察言觀色、不動聲色 【哭泣】泣不成聲、奪眶而出 【肢體動作】比手畫腳
言詞談吐	【讚賞】讚不絕口、交口稱譽、推崇備至、嘖嘖稱奇 【嘲諷】冷嘲熱諷、指桑罵槐、幸災樂禍 【言語多寡】喋喋不休、七嘴八舌、片言隻字 【沉默】默不作聲、一語不發 【精妙】妙語如珠、一語中的、巧言如簧、妙不可言 【爭論】唇槍舌戰、應對如流、百口莫辯、矢口否認、人微言輕、口口聲聲、作如是觀 【失實】言過其實、危言聳聽、違心之論、大吹大擂、無中生有 【勸告】語重心深、單刀直入、言猶在耳 【是非】三姑六婆、說長道短、口無遮攔 【風趣】談笑風生【呼叫】大聲疾呼

分類	成語
才華能力	【能力出眾】卓爾不羣、無出其右、高人一等、足智多謀、首屈一指、脫穎而出、無與倫比、深藏不露、知人善任 【能力不足】力不從心、束手無策、乳臭未乾、不過爾爾 【愚蠢】不識好歹、愚不可及 【技藝】餘音繞樑、神乎其技、登峯造極、渾身解數
自然景觀	【天氣】天寒地凍、秋高氣爽、大雨傾盆 【江河湖泊】來勢洶洶、風平浪靜、一碧萬頃、綿延不絕、一望無際 【花草樹木】姹紫嫣紅、爭奇鬥豔、應接不暇、美不勝收、枝葉扶疏、光彩奪目
生老病死	【身體狀況】有氣無力、頭昏眼暈、安然無恙、精疲力竭 【死亡】與世長辭【老年】年逾古稀
衣食住行	【淳樸生活】世外桃源、民淳俗厚、反璞歸真、與世無爭、粗茶淡飯、清心寡慾、安貧樂道、凡夫俗子 【貧困】飢寒交迫、飢腸轆轆、顛沛流離、流離失所 【貪慾】口腹之慾、慾壑難填、欲罷不能、予取予求、利慾熏心、得寸進尺 【地域／距離】不遠千里、一箭之地、四面八方、土生土長 【肚餓】狼吞虎嚥
物體狀態	【珍貴】奇珍異寶、難能可貴、不可多得 【精巧】小巧玲瓏、精雕細琢、別具匠心、巧奪天工、活靈活現 【巨大】碩大無朋、龐然大物 【數量】不可勝數、微乎其微 【稀奇】稀奇古怪、前所未有 【種類多】形形色色、一應俱全 【珍重程度】愛不釋手、小心翼翼、如棄敝屣、身外之物 【外觀】一塵不染、有礙觀瞻、年久失修
時間	【時間流逝】春去秋來、日往月來、斗轉星移、日益月滋、年深日久、世世代代、久而久之 【不久將來】指日可待、有朝一日、拭目以待 【把握時機】打鐵趁熱、分秒必爭

責任編輯 余雲嬌
裝幀設計 龐雅美
排　　版 陳美連
印　　務 劉漢舉

趣味閱讀學成語 6

主編／ 謝雨廷　曾淑瑾　姚嵐齡

出版／中華教育
香港北角英皇道 499 號北角工業大廈 1 樓 B 室
電話：(852) 2137 2338
傳真：(852) 2713 8202
電子郵件：info@chunghwabook.com.hk
網址：https://www.chunghwabook.com.hk

發行／香港聯合書刊物流有限公司
香港新界荃灣德士古道 220-248 號荃灣工業中心 16 樓
電話：(852) 2150 2100
傳真：(852) 2407 3062
電子郵件：info@suplogistics.com.hk

印刷／高科技印刷集團有限公司
香港葵涌和宜合道 109 號長榮工業大廈 6 樓

版次／ 2022 年 11 月第 1 版第 1 次印刷

規格／ 16 開 (230 mm × 170 mm)
ISBN ／ 978-988-8809-03-5